口絵 1　エゾマツカサアブラムシによって形成された虫こぶ

枝や葉になる組織が昆虫の刺激により球果状になり，その内部に幼虫が生息する空間がある．
→p. 5

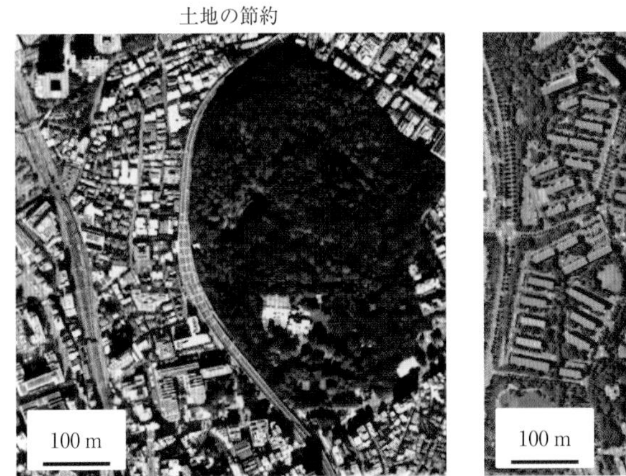

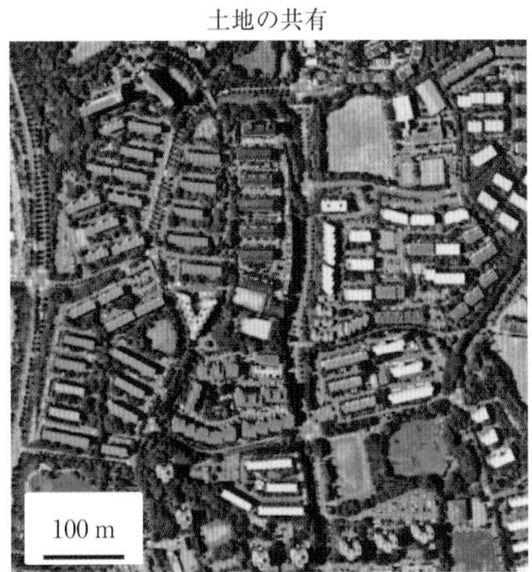

口絵 2　開発強度と開発面積のトレードオフ

究極的には，景観の開発戦略は二つに分類できる．一つは，単位面積当たりの開発強度を最大化する代わりに開発面積を最小化にする土地利用（土地の節約）であり，もう一方は，開発面積を最大化する代わりに開発強度を最小化にする土地利用（土地の共有）である．→p. 43

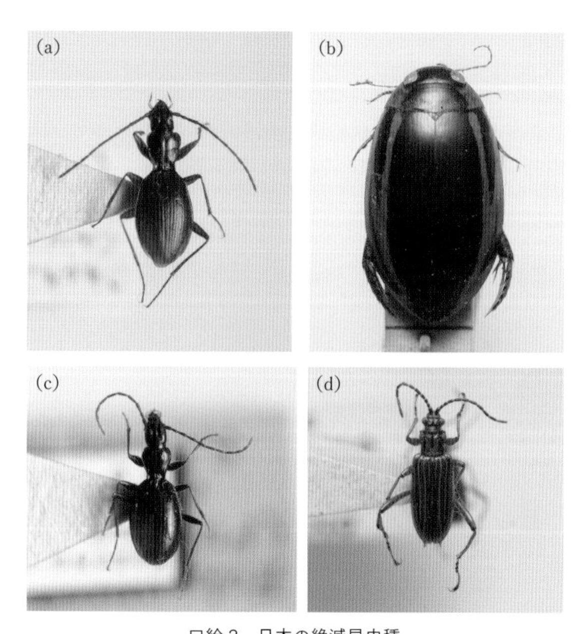

口絵３　日本の絶滅昆虫種

(a) カドタメクラチビゴミムシ（*Ishikawatrechus intermedius*），(b) スジゲンゴロウ（*Prodaticus satoi*），(c) コゾノメクラチビゴミムシ（*Rakantrechus elegans*），(d) キイロネクイハムシ（*Macroplea japana*）．井手竜也氏 撮影．→p. 48

口絵４　愛玩目的で飼育されることもあるオオクワガタ（*Dorcus hopei binodulosus*）→p. 52

口絵５　天然記念物に指定されている国内最大のコウチュウ目昆虫ヤンバルテナガコガネ（*Cheirotonus jambar*）野村周平氏 撮影．→p. 56

口絵６　里山は昆虫の宝庫　→p. 63

口絵７　オオクワガタの生息する台場クヌギ　→p. 63

口絵８　間伐が遅れたヒノキ林
下層植生が見られない．→p. 68

口絵 9　日本における里地里山環境
（a）棚田とスギ植林地
（茨城県高萩市）
（b）大規模水田と里地里山
（岩手県平泉町）
→p. 83

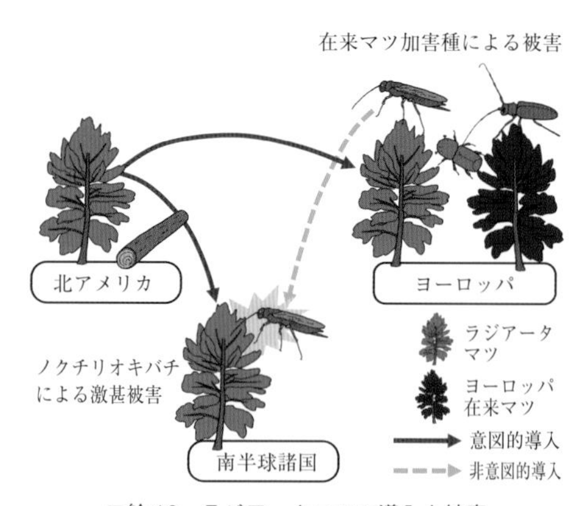

口絵 10　ラジアータマツの導入と被害
マツ類が自生するヨーロッパでは在来のマツ加害昆虫が導入したラジアータマツを加害するようになり，これらに抵抗性の弱いラジアータマツでは被害が拡大した．マツ類が自生しない南半球では，ヨーロッパから非意図的に導入されたノクチリオキバチが，天敵の不在のもと，著しい被害を引き起こした．→p. 118

口絵 11　気乾材に穿孔する外来昆虫のアメリカカンザイシロアリ（左）およびヒラタキクイムシ（右）
→p. 124

口絵 12　福島県川俣町山木屋のハルニレにできたヨスジワタムシ属（*Tetraneura*）アブラムシのゴールともよばれる虫こぶ
2012 年 6 月 3 日，秋元信一氏 撮影．→p. 147

口絵 13　多様な昆虫が生息している様子の一例
朽ち木とその中から発見された昆虫．→p. 150

口絵 14　ムラサキツバメ　→p. 159

口絵 15　アメリカシロヒトリ　→p. 164

口絵 16　マツ材線虫病（松枯れ）被害にあったリュウキュウマツ
沖縄島中部，2015 年 11 月撮影．→p. 180

口絵 17　ブナ科樹木萎凋病（ナラ枯れ）の激害の遠景
滋賀県，2010 年 10 月撮影．→p. 180

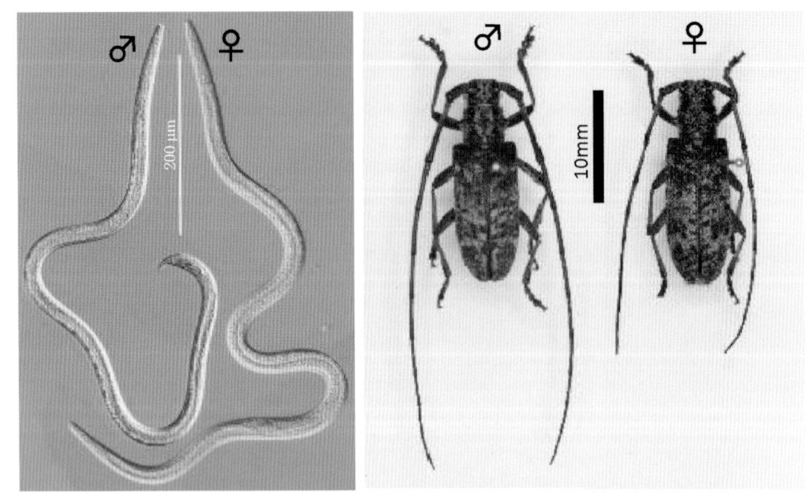

口絵 18　マツノザイセンチュウ（左）とその媒介者マツノマダラカミキリ（右）
左図は神崎菜摘氏原図．→p. 182

口絵 19 「ナラ菌」（*Raffaelea quercivora*）（左）とその媒介者カシノナガキクイムシ（右）
左図は窪野高徳氏原図．→p. 182

森林科学シリーズ

森林と
昆虫

滝　久智／尾崎研一　編

Series in Forest Science

9

共立出版

執筆者一覧

滝　久智	（国研）森林研究・整備機構 森林総合研究所（序章，第 2 章，第 6 章）
尾崎研一	（国研）森林研究・整備機構 森林総合研究所（序章）
曽我昌史	東京大学大学院 農学生命科学研究科（第 1 章）
大澤正嗣	山梨県森林総合研究所（第 3 章）
田渕　研	（国研）農業・食品産業技術総合研究機構 東北農業研究センター（第 4 章）
井手竜也	国立科学博物館 動物研究部（第 5 章）
徳田　誠	佐賀大学 農学部（第 7 章）
牧野俊一	（国研）森林研究・整備機構 森林総合研究所（終章）

『森林科学シリーズ』刊行にあたって

樹木は高さ 100 m，重さ 100 t に達する地球上で最大の生物である．自ら移動することはできず，ふつうは他の樹木と寄り合って森林を作っている．森林は長寿命であるためその変化は目に見えにくいが，破壊と修復の過程を経ながら，自律的に遷移する．破壊の要因としては，微生物，昆虫などによる攻撃，山火事，土砂崩れ，台風，津波などが挙げられるが，それにも増して人類の直接的・間接的影響は大きい．人類は森林から木を伐り出し，跡地を農耕地に変えるとともに，環境調節，災害防止などさまざまな恩恵を得てきた．同時に，自ら植林するなど，森林を修復し，変容させ，温暖化など環境条件そのものの変化をもたらしてきた．森林は人類による社会的構築物なのである．

森林とそれをめぐる情勢の変化は，ここ数十年に特に著しい．前世紀，森林は破壊され，木材は建築，燃料，製紙などに盛んに利用された．日本国内においては拡大造林の名のもとに，奥地の森林までが開発され，針葉樹造林地に変化した．しかし世紀末には，地球環境への関心が高まり，とりわけ温暖化と生物多様性の喪失が懸念されるようになった．それを受けて環境保全の国際的枠組みが作られ，日本国内の森林政策も木材生産中心から生態系サービス重視へと変化した．いまや，森林には木材資源以外にも大きな価値が認められつつある．しかしそれらはまた，複雑な国際情勢のもとで簡単に覆される可能性がある．現に，アメリカ前大統領のバラク・オバマ氏は退任にあたり「サイエンス」誌に論文を書き，地球環境問題への取り組みは引き返すことはできないと遺言したが，それは大統領交代とともに，自国第一の名のもとにいとも簡単に破棄されてしまった．

動かぬように見える森林も，その内外に激しい変化への動因を抱えていることが理解される．私たちは，森林に新たな価値を見い出し，それを持続的に利用してゆく道を探らなくてはならない．

『森林科学シリーズ』刊行にあたって

本シリーズは，森林の変容とそれをもたらしたさまざまな動因，さらにはそれらが人間社会に与えた影響とをダイナミックにとらえ，若手研究者による最新の研究成果を紹介することによって，森林に関する理解を深めることを目的とする．内容は高校生，学部学生にもわかりやすく書くことを心掛けたが，同時に各巻は現在の森林科学各分野の到達点を示し，専門教育への導入ともなっている．

『森林科学シリーズ』編集委員会
菊沢喜八郎・中静　透・柴田英昭・生方史数・三枝信子・滝　久智

まえがき

森林は，極めて大きな有機物量を有し，発達した垂直構造を作り出すことで，多種多様な生物に生息場所や食物資源などを提供している．現在記録されている約 100 万種の昆虫のうちの多くの種が，森林に依存している．森林と我々人間の生活がかかわりを持つように，森林に生息する昆虫に対しても，人間の活動は，程度の強弱はあるものの，直接的あるいは間接的にかかわりをもつ．

かかわり合いの形は，原因や影響のタイプによって，四つに整理することができ，本書における部と章の構成のもととなっている．一つめは，開発による生息地や生育地の改変，あるいは人間の乱獲による種の減少や絶滅であり，人間による過剰な利用，つまりは使いすぎを意味するためオーバーユースともよばれる（第 1 部の第 1 章と第 2 章）．二つめは，人間による手入れの不足によって里地里山などの生息地の質が変化することがあり，これは，人間による利用の低下，つまりは次第に使われなくなることを意味するため，アンダーユースともよばれる（第 2 部の第 3 章と第 4 章）．三つめは，外来生物や汚染物質などの人間が持ち込んだものによって引きおこされる生息地の変化があげられる（第 3 部の第 5 章と第 6 章）．そして四つめは，気温の上昇をはじめとする気候の変化の影響である（第 4 部の第 7 章）．さらにこれら四つが複合したかかわり合いの形も存在する（第 5 部の終章）．こうした異なるかかわり合いの視点から，本書では，森林や樹木に依存している昆虫への影響について解説していくことを試みた．多くの場合，以上の要因とその影響は，昆虫にとっての危機として扱われるかもしれない．一方で，各要因や関連事項を科学的にうまくとらえ，昆虫との関係性を明らかにすれば，森林の昆虫の多様性や種の保全や管理にとって，大きなチャンスともなりえる．

森林と昆虫それぞれが多種多様であるように，個々の章で取り上げられるべき項目も多種多様であることは間違いない．しかし，それらすべてを紹介することは叶わなかった．加えて，昆虫と森林や樹木とのかかわり合いの仕方や強弱もまた多種多様であるがゆえに，「森林昆虫」という語句について，本書を通してはあえて定義せず，各章にゆだねている．これらの点どうかご了承いただきたい．立場や考えが多種多様であろう読者にとって，本書が，人間活動の影響下にある森林や樹木という観点からみた昆虫について，興味をもつきっかけとなれば幸いである．

各章の執筆にあたっては，情報や写真の提供，原稿の確認などで多くの方々にお世話になった．野村周平氏（第2章），大山修一氏，高橋正義氏，角田隆氏（以上第4章），小山明日香氏（第5章），秋元信一氏，長谷川元洋氏，安田美香氏，吉岡明良氏（以上第6章），神崎菜摘氏，衣浦晴生氏，窪野高徳氏，小高信彦氏，中村克典氏（以上終章）にご協力いただいた．感謝申し上げる．また，編者の遅々とした作業に辛抱強くお付き合い頂いた，山内千尋氏をはじめとする共立出版株式会社の皆様にも，心よりお礼申し上げる．最後に，本書を出版するにあたって，執筆者含め多くの方にご迷惑をお掛けした．特に，当初の予定より遅延が生じたのは，ひとえに編者の働きが悪かったことに尽きる．ここでお詫びしたい．

滝 久智・尾崎研一

目　次

序章　森林と昆虫

第1部　オーバーユース

第1章　森林減少や改変による影響

第２章　乱獲による影響

第2部 アンダーユース

第3章　林業活動の低下による影響

第4章　里地里山の利用変化による影響

第3部　外来の生物やもの

第5章　外来昆虫による影響

第6章　人によって持ち込まれたものによる影響

第4部 気候変動

第7章　気候変動による影響

第5部　複合影響

終章　複合要因による影響

序　森林と昆虫

尾崎研一・滝 久智

はじめに

森林とは，高木が優占する陸上生態系のことである（相場，2011）．高木の高さや優占度合いは連続的に変化するので，森林とそれ以外の生態系を区別するためには，人為的な基準が必要になる．そのため国連食糧農業機関（FAO）では，森林の定義を「樹高が 5 m を超え，かつ樹冠の面積割合が 10% を超える，面積が 0.5 ha を超える土地．ただし，農業や都市用地は含まない」とし

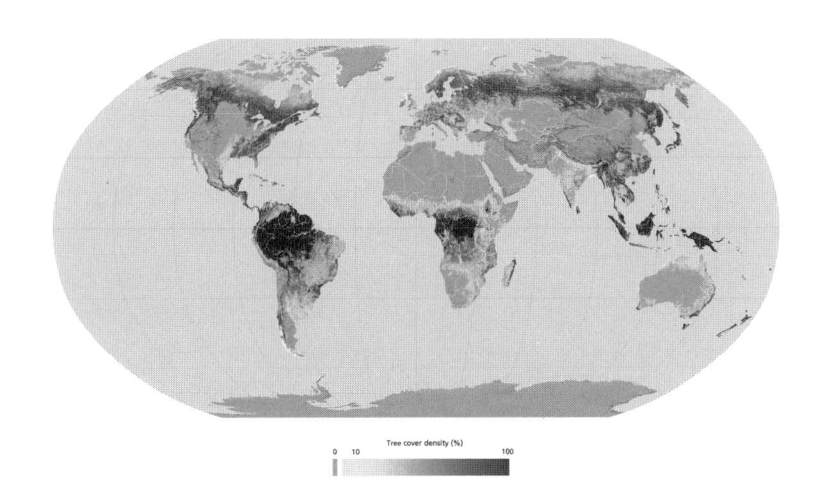

図 0.1　世界の森林分布
FAO（2010）http://www.fao.org/forestry/fra/80298/en/ より．

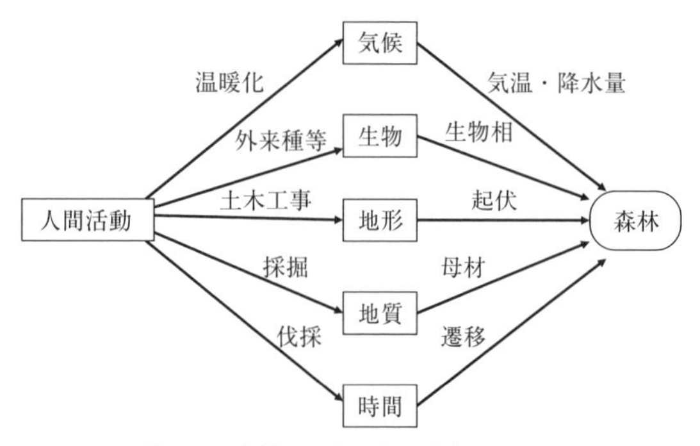

図 0.2　森林のありさまを決定する因子

ている（FAO, 2020a）．この定義によると，世界全体の森林面積は約 4058 万 km^2 と推定され（FAO, 2020b），世界の陸地の 31% を占める（図 0.1）．陸地は地球全体の面積の 29% なので，森林は地球表面の 9% を占めることになる．地球全体での森林の分布をみると，まず熱帯林が全体の約半分の 45% を占める（FAO, 2020b）．次に北方林が 27%，温帯林が 16%，亜熱帯林が 11% となっている．

森林のありさまを決定する因子としては，気候，生物，地形，地質，時間，人間活動の六つ（図 0.2）が重要である（相場，2011）．これら六つのうち，最初の気候因子で特に重要なのは気温と降水量である．たとえば，気温と森林との関係を示すために「暖かさの指数」（吉良，1976）が提案され，東アジアにおける森林の分類に用いられている（表 0.1）．次に生物因子とは，そこに生息する樹木等の生物相を意味する．ある場所の生物相は，過去数億年から現在に至る生物の移動・進化・絶滅を反映している．気候因子と生物因子は，地球上の各大陸を比較するような大きな空間スケールで，森林の状態を決める要因として重要である．三つめの地形因子は，尾根や谷のような地表面の起伏に起因する環境の不均一性のことである．また，四つめの地質因子は土壌の原料となる母材の性質を意味し，母材の化学組成・物理性を通して，そこに生育する植生に影響を与える．地形因子と地質因子は，小さな空間スケールで森林の状態を決定する要因として重要である．五つめの時間因子は森林の遷移に対応し，撹乱によって破壊された森林が時間の経過とともに成長し，極相状態へと変化していくことを意味する．さらに長い時間スケールでは，土壌が栄養塩の

表 0.1　暖かさの指数と東アジアにおける森林帯　吉良（1976）より．

暖かさの指数	森林帯
～15	ツンドラ
15～45	常緑針葉樹林
45～85	落葉広葉樹林
85～180	照葉樹林
180～240	亜熱帯多雨林
240～	熱帯多雨林

溶脱等により貧栄養化し，それに伴って森林の状態が変化することがある．

最後の因子である人間活動は，上記五つの因子に影響を与えることで間接的に森林の状態を変化させる．すなわち人間活動は，近年の地球温暖化によって気温や降水量を変化させ（気候因子），生物を絶滅または移入させ（生物因子），土木工事や地下資源の採掘によって地形や地質を変化させ（地形・地質因子），伐採等により森林を撹乱する（時間因子）．これらの人間活動は森林の状態を大きく変化させるため，森林は人間活動の介入の程度によって，原生林，天然林，人工林等に区分される．国連食糧農業機関によると，原生林とは「人間の手が目に見える形では加わっておらず，生態系が著しく乱されていない，在来樹種が天然更新した森林」，天然林とは「天然更新により成立した森林」，人工林とは「植栽または播種（種をまくこと）により成立した林」と定義されている（FAO, 2020a）．これらの森林の地球全体での割合は，天然林が 93%（このうち原生林が 27%），人工林が 7% である（FAO, 2020b）．

0.1　森林と昆虫の多様性

0.1.1　昆虫の多様性

昆虫は節足動物門昆虫網に属する動物の総称である．約 4 億年前，動物の陸上進出が始まった頃に起源を持つとされている．地球上でこれまでに約 180 万種の生物が記録されているが，そのうちの約 60%（100 万種）が昆虫である．さらに，まだ記録されていない種を合わせると，世界全体で約 550 万種

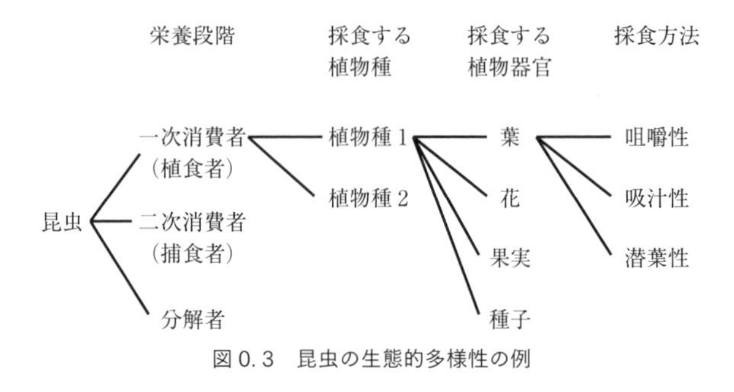

図 0.3　昆虫の生態的多様性の例

の昆虫が生息すると推定されている（Stork *et al.*, 2015）．日本では，これまでに約 3 万種の昆虫が記録されている．これは国内で記録された生物の約 35% にあたる．

昆虫はこのように種数が非常に多いだけでなく，生態も多様である．昆虫は陸上，土壌中，淡水中にごく普通に生息する．成虫は通常，飛翔能力があり，容易に移動・分散する．昆虫は生態系において 1 次消費者（植食者），二次消費者（捕食者），分解者（腐食者）を構成する．また，植食者の中に葉だけを食べる昆虫と，種子だけを食べる昆虫がいるように，各栄養段階の中でも異なる食物を利用する昆虫がいる．その結果，昆虫の食性は葉食，種子食，捕食，寄生，菌食などさまざまに分かれる（図 0.3）．さらに葉を食べる場合にも，葉全体を食べる咀嚼性，汁を吸う吸汁性，葉の内部だけを食べる潜葉性等の方法がある．吸汁性や潜葉性のように，共通の食物を同じような方法で利用する生物のグループのことを「ギルド」という．また，昆虫には特定の食物しか食べない専門家（スペシャリスト）と，複数の食物を食べる何でも屋（ジェネラリスト）がいる．このように昆虫は形態的にも生態的にも非常に多様性が高く，森林をはじめとする陸上生態系において重要な構成要素となっている．

0.1.2　森林昆虫の多様性

森林における昆虫の多様性を示す例として，熱帯林では 1ha あたり 4200 万個体もの節足動物（主に昆虫）が採集されている（Stork, 1988）．国内では，札幌の西に円山という小さな山があるが，この一つの山から，これまでに約 1000 種の昆虫が記録されている（長谷川，1989）．

森林に多様な昆虫が生息できる理由として，極めて大きな有機物量，発達した垂直構造が作り出す多様な生息場所，多様な食物資源の存在が挙げられる(肘井，1987)．まず，森林は長期間にわたって成長を続けるため，草地や湿地に比べて有機物の現存量が格段に多い（千葉，2011)．これは植食性の昆虫にとって，食物の量が多いことを意味する．次に，森林には樹木が作り出す垂直構造がある．樹木はその最大樹高によって低木，亜高木，高木等に分類される．森林はその発達とともに，最大樹高の異なる多様な樹種や，生育段階の異なる樹木によって構成されるようになり，その結果，垂直構造が複雑になる．このような垂直構造は，昆虫に多様な生息場所をもたらす．さらに，垂直構造は地上部だけでなく，土壌中にも層状構造として存在する．土壌中の落葉層や腐食層に，それぞれ異なる種が優占することで，土壌動物群集の多様性がもたらされている（武田，1987)．最後に，森林は多様な食物資源を昆虫に提供する．まず，森林には多くの種の植物が生育している．そして植物は葉，花，果実，種子，根，幹など様々な器官から構成されている．昆虫は大型の動物に比べて，これら植物の各器官を細分して利用することが可能である．さらに，虫こぶ（虫えい）形成者のように，昆虫が植物を刺激することにより，植物組織に異常な発達を引き起こし，その組織を生息場所や食物資源とする昆虫もいる（図0.4)．昆虫はこれら多様な食物資源を分割して利用することにより共存している．この分割の仕方については，特定の植物種だけを利用するスペシャリス

図 0.4　エゾマツカサアブラムシによって形成された虫こぶ
枝や葉になる組織が昆虫の刺激により球果状になり，その内部に幼虫が生息する空間がある．
→口絵 1

トが多いが，中には多くの植物種を利用するジェネラリストも存在する．

以上に述べた森林の特性は，主に植食者に影響を与えている．しかし，昆虫には捕食者や腐食者も存在する．このような栄養段階別の種数については，森林に生息する昆虫に限らず全昆虫種でみると，植食者はそれ以外の腐食者・捕食者よりも少なく（Strong *et al.*, 1984），植食者以外の昆虫も種の多様化に貢献している．つまり昆虫の高い多様性は，昆虫が様々な栄養段階を占めていることと，同一の栄養段階においても資源利用を分化させていることによると考えられる．

このように森林には非常に多くの昆虫が生息するが，そのバイオマス（生物体量）は植物に比べると極めて少ない．たとえば，針葉樹林において，樹木の葉の重量に対する昆虫の生体重の比率は0.01～0.03% にすぎない（肘井，1987; Schowalter, 1989）．そのため，昆虫によって食べられる葉の割合（被食率）も通常は低く，温帯林で7%，熱帯林では10～40% である（Coley & Barone, 1996）．しかし昆虫には，しばしば個体数が何十倍にも増加し，樹木の葉を食い尽くすものがいる．ブナの葉を食べるブナアオシャチホコは，8～11 年周期で個体数の増加と減少をくり返し，個体数が増加するとブナの葉を見渡す限り食いつくしてしまう（鎌田，2005）．また，マイマイガは約10年に一度，大発生し，カラマツやシラカンバの葉を全て食害することがある．

0.2 変化要因としての第1，第2，第3，第4の生物多様性への危機

多くの書物などで紹介されているように，生物多様性とは，生物に関する多様性を示す概念である．この定義においては，地球上のすべての生物間の変異性を示し，生態系の多様性，種間の多様性，そして種内の多様性を含むとされる．つまり，生物多様性は，生態系，種，そして遺伝子という三つの階層構造から成り，それぞれの階層が変異をともなう様ともとらえることができる（鷲谷・矢原，1996）．生態系レベルの多様性とは，森林，農地，河川，湿原，湖沼，干潟などいろいろなタイプの生態系を思い浮かべることから容易に想像できるかもしれない．加えて，森林生態系でも人工林や天然林，農地生態系でも

水田や果樹園のように，より細かに生態系のタイプを分けることもできる．さらに，遺伝子レベルの多様性とは，同じ種でも異なる遺伝子を持っていることを指し，異なる遺伝子によって形や行動などに多様な個性が表現されていることから理解できるだろう．

一方，種レベルの多様性については，種が生物分類学上の基本単位でもあるため，生態系レベルや遺伝子レベルの多様性に比べ，だれもが直感的に理解しやすいかもしれない．地球上には名前のついているもので150万種以上，予想される未知のものを含めると3000万種以上の生物が生息するといわれるが，これらの種は数億年の進化が作り出した結果である．ヒトも含めたこれらの種はお互いにかかわり合いながら生きており，この種間のつながりが生態系を作り出しているともいえる．しかし，数億年かけて培われてきた生物多様性は，現在，急速に失われつつある．約2億5000万年前の中生代末期のように，種の90％以上が絶滅した時代も存在したが，それと比べても現在の種の絶滅速度のほうが上回っているとされ，その原因として，人間による活動が直接的もしくは間接的に関係していると考えられている．たとえば，国際自然保護連合（IUCN）のレッドリストには，これまでのところ，世界中で7万9800以上の種が明記されており，今現在でも登録される種数は増え続けている．したがって，生物多様性を認識し，その意味やしくみと関わりを理解して，地球規模の危機の解決法を模索していくことが，われわれ現世代に課された，未来の世代に向けての宿題といえるかもしれない．

ときとして危機ともなりうる生物多様性へ影響を及ぼす要因は，人間活動と直接的あるいは間接的であったとしても，根本的には人間活動と密接にかかわりをもち，その特徴から区分けをすることができる．それら区分けは大まかに，人間活動に伴うオーバーユースとアンダーユース，外来生物や化学物質などの人間が持ち込んだものによって引きおこされる生態系の変化，気温の上昇など地球環境の変化の四つに分けられる．以降では，各要因を概説していきたい．なお，本巻『森林と昆虫』では，これら要因を章構成の軸としており，第1部から第4部における各章で要因ごとに関する話題を取り上げ，最後の終章で複数の要因が複合的に関与しているような森林と昆虫についての事例を取り上げる．

0.2.1　オーバーユース

オーバーユースによる影響とは，生物の生息地が開発によって改変されたり，生物そのものが乱獲されたりするなど，人間が生態系を過剰に利用することに付随した影響である．たとえば，森林から食料生産のための農地への転用や居住のための宅地への転用など，人間のための経済性や効率性を優先する土地利用の変化は，多くの生物にとって生息地面積の減少や生育環境の変化へとつながる．また，鑑賞用や遺伝子資源などの文化的かつ商業的利用による生物種の乱獲，盗掘など人間による直接的で過剰な採取は生物種の個体数減少あるいは絶滅をもたらす場合もある．

さらにオーバーユースには，世界規模での人口増加も寄与している．産業革命以降急激な増加をしている世界の人口は現在 70 億人を超え，今後も増え続け，今世紀末までには 100 億人に到達すると予測されている（国連人口基金，2019）．人口の増加は，食料をはじめとする資源の不足や，都市化や農地化などの土地利用の変化をもたらす．陸域最大の生物多様性を維持する熱帯雨林などを保有する多くの国々においても，人口増加の傾向はみられる．現在世界人口の最大割合である 6 割を占めるアジアにおいては少なくとも今後 50 年先までは人口が増加し，アフリカではそれ以上の人口増加傾向があり，アジアの人口増加率の 2 倍以上に相当するペースで伸びると予測されている．

以上のような世界規模で生物多様性への負の影響が懸念されているオーバーユースに関する話題については，本巻の第 1 部にあたる第 1 章および第 2 章で概説をする．特に，第 1 章は昆虫と生息地としての森林の人間による改変についての話題を，第 2 章は森林に生息している昆虫そのものの乱獲に関する話題を取りあつかう．

0.2.2　アンダーユース

アンダーユースとはオーバーユースとは反対に，自然に対する人間の働きかけが縮小することである．日本の伝統的な景観ともいえる，森林，水田，畑地，ため池，草地などの土地利用形態が複合的に存在する里山景観では，人間による継続的な利用によって，生態系に影響を与え続けていた．こうした人為的な撹乱が失われることで生物多様性に変化を与えることがある．たとえば，里山景観に生息してきたであろう数多くの生物種が現在絶滅危惧種としてリストにあがっている．森林においても，整備が十分に行われないと，そこに生息する生物に何らかの影響がおよぶ．

人の働きかけが少なくなっている背景については，日本社会のことを思い浮かべれば想像しやすいだろう．日本は，平均余命は延びている一方で生まれる子供の数は減り，世界のどの国も経験したことのないような速度で高齢化が進行しているとされる．現在65歳以上の高齢者人口が総人口に占める割合は高く，日本の総人口は，2000年代前半にピークを迎えたのち現在減少傾向にあり，この傾向は今後も続くと予測されている（内閣府，2020）．特に，都市圏から距離のある中山間地域での人口減少は激しく，多くの地域において居住者がいなくなる状況におちいり，森林や里地里山と人がかかわる機会がますます減っていくと予想される．

人口減少や高齢化に加えて，日本の産業構造の変化も，人の働きかけが少なくなっている背景といえる．産業別就業人口の推移を見ると，第一次産業に就業している人口の割合は，大幅に減少をしている．戦後しばらくの間50%近くを占めていた農林漁業従事者は，2018年には，全就業者数のわずか約3.3%にしか満たないほどまで減少している（総務省統計局，2019）．また，エネルギーの利用の変化も著しく，薪や炭などの木材由来のエネルギー源が利用されなくなる一方で，石油などの化石燃料が多く利用されるようになった．同様に，農業における落ち葉かきやたい肥の利用も減り，現在では化学肥料の利用が急激に増加している．中山間地域の過疎化や，第一次産業の従事者の高齢化・減少により，森林および農地の管理作業が縮小し，森林が利用されないまま放置されたり，農地が耕作放棄地となってしまう場合も多々ある．

こうした日本の事例に象徴されるようなアンダーユースに関する問題については，本巻の第2部にあたる第3章および第4章で概説をする．特に，第3章は林業を中心とした森林利用の低下による影響について，第4章は農地などの人が生活をする場を含めた里地里山で起きた変化による影響についての話題を取りあつかう．

0.2.3 人によって持ち込まれた生物やもの

外来種など人によって持ち込まれた生物も，在来の生物多様性に影響を与える要因となる．意図的あるいは非意図的に，国外や国内であっても他の地域から人によって持ち込まれた野生生物が，その生物自身のもつ移動能力を超えて，当該地域固有の生態系や生物種に影響を与えることがある．もともと人がある目的のために導入した意図的な例としては，栽培植物，家畜やペット，狩猟対象動物，天敵，餌などで，これらが野外に定着しまうことがあげられる．人やものの移動に随伴して意図せず運ばれる非意図的な例としては，資材や農林産物，輸送貨物などに付随して，生物が本来の生息地以外に定着をしてしまうことがあげられる．外来種は，導入先の生物相の脅威となっていることすらあり，顕著な例としては，固有種が多く生息する島嶼がわかりやすい．島嶼の生態系は，海によって隔離された長い歴史の中で固有の種が分化し，独特の生態系が形成されてきた特徴を持つため，多くの場合，外来種の影響を受けやすいという脆弱性を有している（Okochi & Kawakami, 2010）．

全球的に外来生物が問題となった背景には，近年急激に発達した人の往来と社会経済や貿易のグローバル化が寄与している．伸び率の鈍化などはあるものの，世界貿易は，2018 年に前年比 9.7% 増の 19 兆 243 億ドルと過去最高額を記録している（日本貿易振興機構，2019）．

さらに外来の生物のみならず，化学物質などの非生物も人によって持ち込まれることがあり，これらが生物多様性に影響を与える要因となる．農薬や化学肥料をはじめとする化学物質は，ここ 1 世紀ほどの間に急速に開発および使用されるようなった．たとえば化学農薬については，欧米では 1930 年代から開発が始まり普及し，日本において本格的に使用されるようになったのは，第 2 次世界大戦後である．戦後の人口増加とともに食料難の解決に農薬が果たした役割は大きく，生活に大きな利便性をもたらしてきた．1960 年代に農薬による環境に対する悪影響に警鐘が鳴らされて以後，農薬をはじめとする化学物質の安全性も高まってきている．一方で，環境中に放出される農薬が，標的とする生物以外の生物にも影響を及ぼしているのではないかという，生物多様性に与える影響についての懸念も存在する．加えて，土地の開発にともなう重金属汚染による影響，東日本大震災における東京電力福島第一原発事後の放射性物質の影響についても近年報告されている．

以上に示したように人々の生活がより近代的になったことにより意図的あるいは非意図的に持ち込まれた生物や物質に関する話題については，本巻の第3部にあたる第5章および第6章で概説をする．特に，第5章では外来生物に関する話題を，第6章では人工物質の導入に関する話題を取りあつかう．

0.2.4　気候変動

地球温暖化，海水面の上昇，積雪や降水量の変化，台風の頻度や強度の変化などの気候変動も生物多様性の動態に影響する．IPCC（気候変動に関する政府間パネル）の第5次評価報告書によると，地球の温暖化には疑う余地はないと再確認されている（Flato *et al.*, 2013）．1880年から2012年の間に気温は0.85度上昇し，最近30年の各10年間ごとの平均気温は，1850年以降のどの年の平均気温よりも高いことが報告されている．地球温暖化の影響により，様々な生物の分布に変化が生じる．さらには，分布のみならず，動植物の成長速度や発生時期などにも変化が生じる．また，生物種は単独で生活をしているわけではなく，他の生物との相互作用をともなって生活をしている．温暖化の影響が表れるスピードや強度は，生物によって異なるため，こうした生物間の相互作用にも影響を与える可能性もある．さらに，地球環境の変化に伴う生物多様性や生物間相互作用の変化は，人間社会へも大きな影響を及ぼすことが予測される．

気候変動は地球規模のかかわり合いの中で引きおこされたものといえる．たとえば，二酸化炭素に代表される温室効果ガスの排出などのように人間活動が20世紀後半以降の気候変動の原因となっていることは間違いないようであるが，もっと長い期間でみると単に人間活動の影響だけではない地球環境の変化がともなっている場合もある．さらに，気候変動は，直接的な原因事象を特定することも困難である場合が多いため，前述のオーバーユース，アンダーユース，人によって持ち込まれたものなどとの要因とは少し異なる考察が必要かもしれない．こうした特徴をもつ気候変動に関する話題については，本巻の第4部にあたる第7章で取りあつかう．

0.3　森林の変化について

0.3.1　世界の森林

国連食糧農業機関の集計によると，1990 年から 2020 年にかけて森林面積は 4236 万 km^2 から 4058 万 km^2 へと減少した（FAO, 2020b）．減少分の 178 万 km^2 は全森林面積の 4% で，日本の森林面積の約 7 倍にあたる．ただし，この面積は森林の消失面積から，新たに造成した面積を引いたものなので，実質の森林消失はこれよりも大きく，420 万 km^2 と推定されている（FAO, 2020b）．森林の減少をこの 30 年間の最初の 10 年と最後の 10 年で比較すると，1990 年～2000 年の年平均 7.8 万 km^2 から 2010 年～2020 年の 4.7 万 km^2 に減少しており，森林の減少速度は低下している．

森林の減少を地域別にみると，熱帯林は依然減少しているのに対して，温帯林は少し増加しており，北方林と亜熱帯林はほとんど変化がない（図 0.5）．熱帯林は 2015 年までの過去 25 年間で 195 万 km^2 減少したが，その主な原因は農地への転換だと考えられる（宮本，2010）．また森林はアフリカと南アメリカで顕著に減少しており，それ以外に中央アメリカ，南東アジア，オーストラリアでも減少している．一方，ヨーロッパ，北米，東アジアでは森林は増加している．

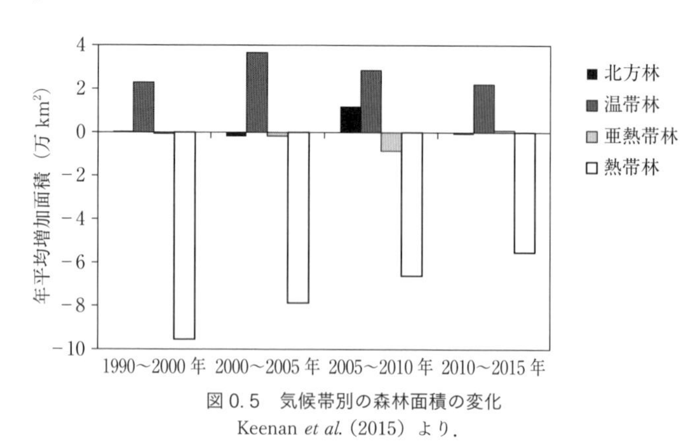

図 0.5　気候帯別の森林面積の変化
Keenan *et al.* (2015) より．

森林タイプ別に2015年までの過去25年間の変化をみると，原生林は82万km^2増加した一方，天然林は322万km^2減少し，人工林は110万km^2増加した（Keenan *et al.*, 2015）．原生林は基本的に人間の手が加わっていない森林なので増加することはないはずだが，それが増加したのは統計上，原生林に分類された森林が増えたためと考えられる．

世界には294万km^2の人工林が存在し，年平均4.1万km^2ずつ増加している．これは，日本国内の人工林の約4割にあたる面積が，毎年，造成されていることになる．人工林は全森林の7%に過ぎないが，そこから世界の木材生産量の46%を供給している（Payn *et al.*, 2015）．人工林はアジア（特に東アジア）とヨーロッパに多い（図0.6）．国別にみると中国，アメリカ，ロシア，カナダの順に多く，これら4カ国で全体の約半分を占める．いずれの地域においても人工林は増加しているが，特にアジアでの増加が顕著である（図0.6）．しかし，増加率は2000〜2005年がピークで，その後，増加率が減少に転じている国が多い．

0.3.2　日本の森林

日本の森林面積は約25万km^2であり，国土の7割を占める．日本の森林面積は戦後に少し減少しただけで，過去150年間ほとんど変化していない（図0.7）．しかしその間，森林の消失や造成がなかったわけではなく，平坦地で森林が農地に転換された一方で，傾斜地の原野や採草地等が森林に変化した．その結果，約1割の森林は場所が変化した（井上ほか，2004）．一方，森林蓄積は大正中期に10億m^3であったが，戦後になって増加し，現在は50億m^3に達している（図0.8）．特に1980年以降は，後に述べる拡大造林政策の結果，森林蓄積が大幅に増加した．

江戸時代後期（1850年頃）の森林は伝統的な林野利用が存続する一方で，森林の過剰利用が生じ，はげ山や荒れ地のような森林の荒廃がみられた（西川，1995）．現在に比べると，全国的に焼畑が多く，奥山のかなりの部分までが焼畑地として利用され，山地の人々の生活を支えていた．伝統的な焼畑は雑木を伐採して火入れをし，その跡地を雑穀類の栽培に利用する方法で，3〜4年間，畑として利用したのち放置され，森林に回復するという農林循環の林野利用で

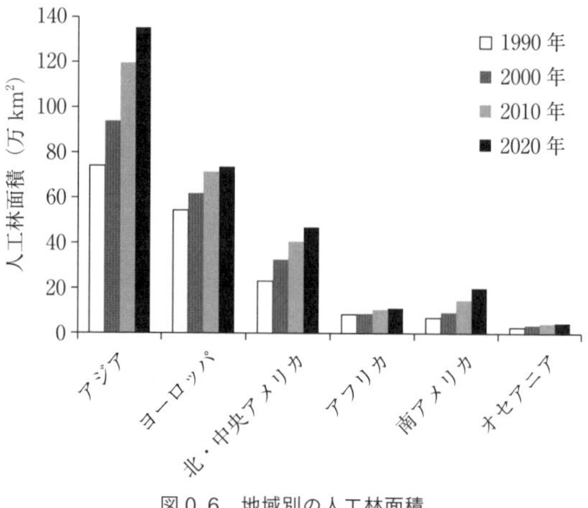

図 0. 6　地域別の人工林面積
FAO（2020b）より作成.

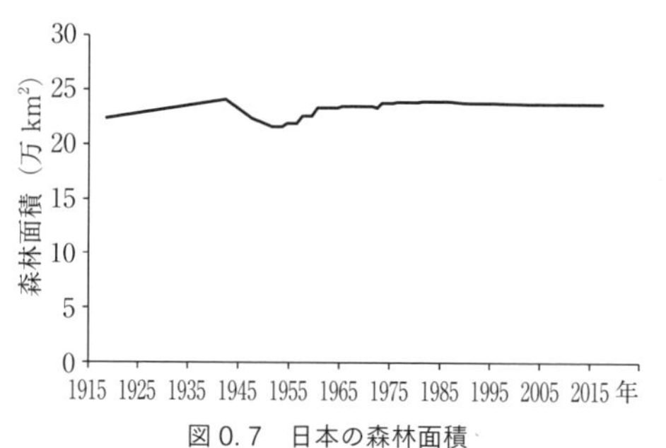

図 0. 7　日本の森林面積
萩野（1983）；林野庁（2017）より作成.

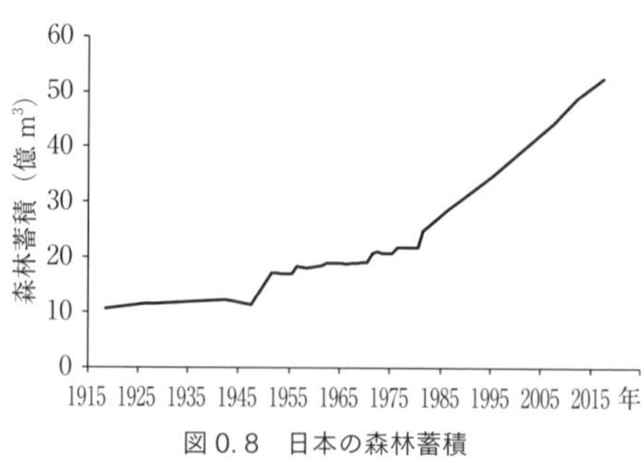

図 0. 8　日本の森林蓄積
萩野（1983）；林野庁（2017）より作成.

あった．焼畑は水田に比べて手がかからず，原始的・粗放的と称されたが，長期的に見れば農地と林地を循環させる合理的な林野利用システムであったといえる（西川，1995）．一方，西南日本を中心に，今日では想像できないほどの規模で荒廃林野が広がっていた．西日本にはマツ林が広がり，はげ山や荒れ地は四国や中国地方に多かった．

明治末期になると政府の制限によって焼畑が減少した．また，木材需要の増大に対応するため造林地の拡大がみられた．ただ，明治期の最も大きな変化は，北海道の開拓により，平野部の森林が農地に転換されたことである．

戦後になると全国に存在した焼畑，採草地，柴山が消失し，かつて西南日本を中心に見られたはげ山や荒れ地も大幅に減少した．採草地や柴山の消滅は，化学肥料の導入，燃料の石油・ガスへの転換，萱葺き屋根の減少により，これらの土地利用がその役目を終えたことによる．その一方で，木材需要の著しい拡大に対応するため，成長が速く経済価値の高い針葉樹人工林を造成する拡大造林政策が 1950〜1980 年代に進められた．その結果，この間に全森林面積に占める人工林の割合は 20% から 40% に倍増し，人工林の面積は 10 万 km^2 に達した．これは世界で 7 番目に大きな人工林面積である．また，森林蓄積に占める人工林の割合は 1966 年の 30% から 2017 年には 63% に増加した（林野庁，2017）．これらの人工林の 7 割がスギ・ヒノキ林である．しかし，その後の長期的な木材需要の落ち込みにより，造林面積は 1970 年代以降，減少し，最近では年間 200〜400 km^2 にとどまっている．そのため，人工林の多くは 1950 年代後半から 70 年代前半に造成されたもので，現在では 50 年生以上に達しており主伐期を迎えている．にもかかわらず，木材価格の落ち込みによる経営意欲の低下や，林業従事者の高齢化等によって十分に主伐が行われていない状態にある．また，将来的に国内の木材需要を満たすには，現存の人工林の 30% の面積から木材を供給すれば足りると試算されており（Yamaura *et al.*, 2012），木材生産を目的として造成された人工林が余ることも予想されている．

おわりに

こうした生態系の中での昆虫と他生物を含めた環境との相互作用をまとめて，

生態系の働きとしてとらえることもできるため，これらを生態系機能や生態系プロセスという．昆虫を育む生態系が果たしているさまざまな機能の多くは，人間が現在の生活を維持していくために必要不可欠なものである．生態系の機能のうち，人間がその恩恵を受けているものを「生態系サービス」とよぶ（詳細は第1章参照）．また，近年，生態系サービスという概念は，自然が人々にもたらす正の面のみ強調され，負の面を含まないとの誤解を与えるおそれがあるという指摘がある．このことから，正負両面を加味した「自然がもたらすもの（nature's contributions to people：NCP)」という概念への移行が，生物多様性と生態系サービスに関する動向を科学的に評価し科学と各国政策のつながりを強化するための政府間組織である「生物多様性および生態系サービスに関する政府間科学-政策プラットフォーム（IPBES)」では，推奨されている．

引用文献

相場慎一郎（2011）森林の分布と環境．森林生態学（正木 隆・相場慎一郎 編），pp. 1–20，共立出版．

千葉幸弘（2011）森林の物質生産．森林生態学（正木 隆・相場慎一郎 編），pp. 224–244，共立出版．

Coley, P. D. & Barone, J. A.（1996）Herbiory and plant defenses in tropical forests. *Annu. Rev. Ecol. Syst.*, **27**, 305–335.

FAO（2020a）FRA 2020. Terms and Definitions. *Forest resources assessment working paper* 188, pp. 26, Food and agriculture organization of the united nations.

FAO（2020b）Global Forest Resources Assessment 2020-Main report. pp. 164, Food and agriculture organization of the united nations.

Flato, G., Marotzke, J., Abiodun, B. *et al.*（2013）Evaluation of Climate Models. In：*Climate Change 2013: The Physical Science Basis. Contribution of Working Group I to the Fifth Assessment Report of the Intergovernmental Panel on Climate Change*, pp. 741–866, Cambridge University Press.

萩野敏雄（1983）続・森林資源論研究．pp. 145，日本林業調査会．

長谷川哲雄（1989）藻岩山の昆虫．日本の生物，**3**，29–33．

肘井直樹（1987）森林の節足動物群集：人工林における例を中心に．日本の昆虫群集（木元新作・武田博清 編），pp. 61–68，東海大学出版会．

井上 真・下村彰男 ほか（2004）人と森の環境学．pp. 127．東京大学出版会．

鎌田直人（2005）日本の森林／多様性の生物学シリーズ5 昆虫たちの森，pp. 329，東海大学出版会．

Keenan, R. J., Reams, G. A. *et al.*（2015）Dynamics of global forest area：Results from the FAO Global Forest Resources Assessment 2015. *For. Ecol. Manag.*, **352**, 9–20.

吉良龍夫（1976）生態学講座2 陸上生態系：概論．pp. 166，共立出版．

国連人口基金（2019）世界人口白書2019.

宮本基杖（2010）熱帯における森林減少の原因．日林誌，**92**，226–234.
内閣府（2020）令和元年度版 高齢社会白書.
日本貿易振興機構（2019）ジェトロ世界貿易投資報告 2019 版.
西川 治 編（1995）アトラス：日本列島の環境変化．pp. 187，朝倉書店.
Okochi, I. & Kawakami, K.（2010）*Restoring the oceanic island ecosystem: impact and management of invasive alien species in the Bonin Islands.* Springer Science & Business Media.
Payn, T., Carnus, J. M. *et al.*（2015）Changes in planted forests and future global implications. *For. Ecol. Manag.,* **352**, 57–67.
林野庁（2017）森林資源の現況（平成 29 年 3 月 31 日現在）.
http://www.rinya.maff.go.jp/j/keikaku/genkyou/h29/index.html.
Schowalter, T. D.（1989）Canopy arthropod community structure and herbivory in old-growth and regenerating forests in western Oregon. *Can. J. For. Res.,* **19**, 318–322.
総務省統計局（2019）平成 30 年 労働力調査結果.
Strong, D. R. Jr., Lawton, J. H., Southwood, R.（1984）*Insects on Plants.* pp. 293, Blackwell.
Stork, N. E.（1988）Insect diversity: facts, fiction and speculation. *Bil. J. Linnean Soc.,* **35**, 321–337.
Stork, N. E., McBroom, J. *et al.*（2015）New approaches narrow global species estimates for beetles, insects, and terrestrial arthropods. *Proc. Natl. Acad. Sci. USA,* **112**, 7519–7523.
武田博清（1987）アカマツ林におけるトビムシ群集の多様性とその維持機構．日本の昆虫群集（木元新作・武田博清 編）．pp. 77–85，東海大学出版会.
Yamaura, Y., Oka, H. *et al.*（2012）Sustainable management of planted landscapes: lessons from Japan. *Biodivers. Conserv.,* **21**, 3107–3129.
鷲谷いづみ・矢原徹一（1996）保全生態学入門：遺伝子から景観まで．文一総合出版.

第 1 部

オーバーユース

森林減少や改変による影響

曽我昌史

はじめに

過度な人為開発・資源利用（オーバーユース）に伴う森林生態系の劣化は，森林に生息する昆虫類に大きな負の影響を及ぼしてきた．それは必ずしも奥山や人里離れた森林だけに言えることではない．実際に，都市近郊林や里山など我々が普段目にする身近な場所でも多くの昆虫類が森林の破壊・改変によって姿を消した．過去に記録された昆虫類のリストを見れば，ここ数十年間でいかに多くの森林性昆虫類の個体群が局所絶滅・衰退したかを理解することができる．我が国の場合，高度経済成長期に比べると人為開発による森林への圧力は低下しているように見えるが，小規模な森林減少・改変は継続しており，依然として森林性昆虫類はオーバーユースの危機にさらされている．また，世界的に見た場合，東南アジアなどの熱帯林を中心に，毎年膨大な面積の森林が農地や放牧地への土地転用や商業伐採により失われており，昆虫類に及ぼす深刻な負の影響が懸念されている．

森林のオーバーユースに伴う昆虫類の衰退は，生物多様性保全の問題だけではなく，我々の生活や経済活動の面から見ても負の影響をもたらし得る（Taki *et al.*, 2011；Sugiura *et al.*, 2013）．実際に，序章でも述べた通り，森林に生息する昆虫類は花粉媒介や物質循環，害虫抑制など様々な生態系機能・生態系サービスを担っており，彼らの存在は森林生態系の維持に不可欠である．そのため，森林のオーバーユースが今後も続けば，昆虫類の減少を介して，それら生態系の維持や人間生活の発展に必要な機能も失われるだろう．

本章では，オーバーユースに伴う森林改変が昆虫類に及ぼす影響を理解することを目的とする．具体的には，景観スケールでの森林改変に対する昆虫類の反応について，そのパターンとメカニズムを整理する．また，昆虫類が森林生態系の中で果たす役割（生態系機能・サービス）や他の生物とのかかわり合い（生物間相互作用）にも注目しながら，森林改変が昆虫類を介して生態系全体や人間社会に及ぼす影響も解説する．そして最後に，森林改変が昆虫類に与える負の影響を緩和させるために有効な保全策を述べ，今後の森林管理の在り方を考えたい．

1.1　森林改変がもたらす三つの影響

1.1.1　生息地の消失

森林が人為開発により破壊されたとき，真っ先に起きる現象が「生息地の消失（habitat loss）」である．生息地の消失とは，文字通り，ある生物種にとっての生息環境が人為により失われることである．森林改変に伴う生息地（森林）の消失は，昆虫類の餌資源や棲み処を直接的に減少させ，生息地の質を劣化させることから，生態系に大きなインパクトを与える（Hanski *et al.*, 2007）．実際に，チョウ類や地表徘徊性甲虫類，食糞性コガネムシ類，水生昆虫類など多岐にわたる生物分類群について，景観内の森林面積と昆虫類の種数との間に正の関係があることが知られている．たとえばSogaらが北海道の農地景観で行った研究によれば，景観内に生息する森林性チョウ類の種数・個体数は，周囲2 km以内の総森林被覆面積と正の関係であることが明らかとなっている（Soga *et al.*, 2015；図1.1）．また，Sánchez-de-Jesúsらがメキシコの熱帯林で行った研究では，森林被覆が多い景観と比べて，森林被覆が少ない景観では食糞性コガネムシ類の種数・個体数・バイオマスがいずれも少ないことが報告されている（Sánchez-de-Jesús *et al.*, 2016）．昆虫類が反応する景観内の森林被覆のスケールは，対象とする種の行動圏や生活史に依存するが，概ね数百mから数km程度であることが報告されている（Soga *et al.*, 2015；Yamanaka *et*

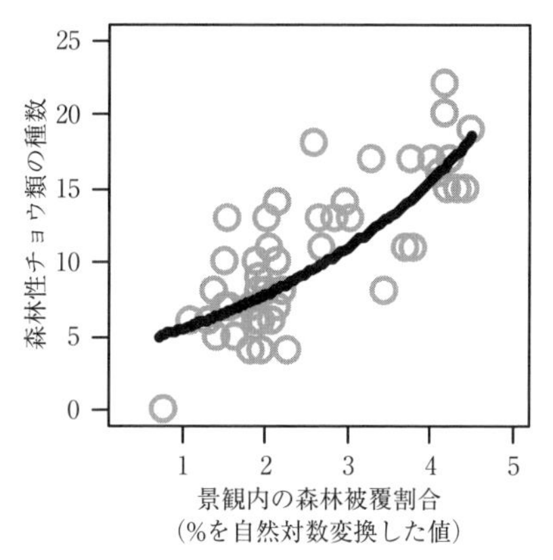

図 1.1　北海道石狩平野の 48 の森林景観における森林性チョウ類の種数と景観内（周囲 2 km 以内）の森林被覆率の関係
景観内の森林面積が増加するにつれて，森林性チョウ類の種数が増えることが見て取れる．Soga *et al.* (2015) を改変．

al., 2015)．たとえば，チョウ類のような飛翔性の昆虫類の場合は 1〜2 km (Soga *et al.*, 2015)，地表徘徊性甲虫類のような非飛翔性の場合には数百 m 程度の範囲の森林被覆が影響力を持つことが知られる（Yamanaka *et al.*, 2015)．

大規模な森林の消失は，しばしば国土スケールで生物多様性に負の影響を及ぼす．マダガスカルは，今世紀の間に森林減少が最も進んだ国の一つであり，この 50 年で国内の森林面積の約半分が失われたという（Hanski *et al.*, 2007)．Hanski らは 2002〜2006 年にかけて，マダガスカルの森林に生息する Helicto-pleurini 族の食糞性コガネムシ類の徹底した調査を行い，過去（森林減少が顕著に進む前）のデータと比較して，糞虫類相がどのように変化したのかを調べた（Hanski *et al.*, 2007)．その結果，過去に記録されていた 51 種のコガネムシ類のうち 29 種（54%）しか生息を確認することができなかったという．もちろん，彼らの研究結果だけをもってマダガスカルに生息する食糞性コガネムシ類の約半数が絶滅したと断定することはできない．しかしながら，かつて普遍的に生息していた多くの糞虫類種が，徹底した調査を行っても採集することができないほど個体群が小さくなってしまったことは紛れもない事実である．

森林面積の減少が昆虫類の種数の減少に与える負の影響は，国土・景観スケールだけではなく局所スケールでも生じる．実際に，都市開発や農地開発によって周囲と孤立した森林に生息する昆虫類の種数は，その森林の面積に強く依存することが知られる（Vasconcelos *et al.*, 2006；Fujita *et al.*, 2008；Soga & Koike, 2012a）．この局所スケールでの生息地面積と生物種数の間の正の関係は「種数面積関係（species-area relationship）」と呼ばれ，昆虫類に限らず多くの生物分類群（植物や鳥類，哺乳類など）で当てはまる一般的な法則である．大きな面積の生息地で昆虫類の種数が増える主な理由には，(1) 生息地の面積に伴い局所個体群サイズが大きくなるため絶滅率が低くなる，(2) 生息地の外部から影響を受けていない安定的な環境（生息地内部の環境）をより多く保持できる（1.1.2 項の「境界効果」を参照のこと），(3) 多様な種類の生息環境や餌資源を含みやすい，(4) 偶発的に種が侵入・定着する可能性がより高くなること（ターゲット効果）等が挙げられる．

1.1.2　生息地の分断化

人為開発による森林改変は，生息地の消失だけでなく「生息地の分断化（habitat fragmentation）」という現象も引き起こす．生息地の分断化とは，「大きな広がりを持つ生息地が複数の小規模な面積の生息地に置き換えられ，それぞれの生息地が本来の生息地とは異なる環境（多くの場合，生息に不適な環境）によって隔てられること」を指す（Fahrig *et al.*, 2003）．簡単に言えば，元々の生物の生息地が開発によってばらばらになることである．ある地域で森林の分断化が進行すると，かつて森林であった場所に都市や農地がまるで「海」のように広がり，その中に孤立した小さな森林が「島」のようにとり残

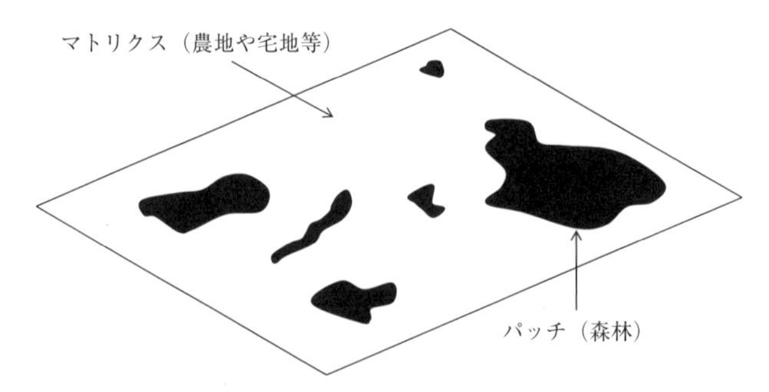

図 1.2　分断化景観におけるパッチとマトリクスの概念図

される．このように本来つながりを持っていた生物の生息地が減少し，互いに断片状に残された景観のことを「分断化景観（fragmented landscape）」と呼ぶ．分断化景観において，残存する生息地は「パッチ」と呼ばれ，パッチを取り巻くように優占している土地を「マトリクス」という（図1.2）．マトリクスの構造は状況に応じて異なり，森林改変が農地開発によって引き起こされた場合は農地がマトリクスの中心となり，都市開発の場合は道路や住宅地などの人工構造物がそれにあたる（図1.3）．

森林の分断化が昆虫類に及ぼす負の影響として真っ先に挙げられるのは，森林がマトリクスを隔てて孤立することによって，個々の森林パッチの個体群間の交流が遮断・制限される点である．このことは，長期的な視点で見た場合，種の繁殖や遺伝子の交雑の機会の喪失につながるため，地域個体群の存続に深刻な負の影響を及ぼすと考えられる．実際にこれまでの研究から，分断化景観では昆虫類の行動範囲が制限され，近隣の森林に生息する他集団との交流が減少することが報告されている（Keller & Largiader, 2003；Benedick *et al.*, 2007）．たとえばBenedickらはマレーシアの分断化景観において，過去50年間に起きた森林の分断化がオルセイスコジャノメ（*Mycalesis orseis*）個体群の遺伝子構造に及ぼす影響を調べた．その結果，広大な森林から隔離された森林パッチでは同種の個体群の遺伝的多様性が低下していることがわかった（Benedick *et al.*, 2007）．またKellerとLargiaderは，非飛翔性甲虫類の一種であるムラサキキンオサムシ（*Carabus violaceus*）を対象に，幹線道路による森林の分断化が同種個体群の遺伝子構造に与える影響を調べた（Keller & Largi-

図1.3　分断化景観に残存する森林パッチ
分断化景観に残存する森林パッチは，宅地や農地など様々な土地利用によって互いに隔てられている．公益財団法人多摩市文化振興財団 撮影．

ader, 2003). その結果，同種個体群の遺伝子構造は交通量の多い大きな道路によって分断された個体群ごとに異なり，特に複数の道路によって孤立した森林では個体群の遺伝的多様性が著しく低いことが明らかとなった．森林の分断化が交通量の多い道路によって引き起こされている場合，個体群間の交流の制限に加えて，マトリクスにおける個体の死亡率の増加の影響も懸念される．

森林の分断化は，生息地を孤立させるだけでなく，「生息地の質」をも劣化させる．森林の分断化が進行すると，景観内には森林とマトリクスの境界（林縁）が徐々に増えていく．こうした生息地の境界域は，マトリクスの影響を特に強く受けやすい場所であり，生息地の内部とは様々な面で環境が異なる．たとえば，一般的に農地や宅地に隣接した林縁では，林内と比べて光量や気温が上昇し，土壌中の水分量や湿度が低くなる．また，林縁では風速が強いため木本の死亡率が増加し，先駆植物の侵入が促進される（Laurance, 2008）．このような境界域における物理・生物的環境の変化は「境界効果（エッジ効果，edge effect)」と呼ばれ，森林性昆虫類の生息に大きな負の影響を及ぼし得る．たとえばニュージーランドで行われた研究によれば，同地に生息する甲虫類の9割以上の種が林縁環境に対して負の反応を示す（個体数を減少させる）ことが報告されている（Ewers & Didham, 2008）．驚くべきことに，こうした甲虫種の中には林縁から1 km以上離れた場所であっても境界効果の影響を受ける種がいるという（Ewers & Didham, 2008）．彼らの研究は，すでに森林の分断化が進行した景観では，我々が考えているよりもはるかに広範囲の場所で境界効果による生息地の劣化が起きていることを示している．

1.1.3　人工林の拡大による生息地の劣化

日本は国土の約7割が森林に覆われている世界有数の森林大国であり，一見すると森林性昆虫にとっては良好な環境が沢山あるように思える．しかし，それらの森林の大部分はスギやヒノキ，カラマツなど単一の針葉樹から構成される人工林であり，広葉樹の天然林は非常に限られている．こうした天然林の人工林への転換も森林性昆虫を低下させる大きな要因の一つである．実際に，広葉樹林と比較して，人工林では昆虫類を始めとした生物多様性が貧弱となることが報告されている（Paritsis & Aizen, 2008）．人工林で森林性昆虫が減少する背景には，人工林では森林を構成する樹種が少なく，森林構造が単一となることが理由として挙げられるだろう．また，一般に人工林の林床は光環境が悪い（暗い）ため林床植生が発達せず，それらを利用する昆虫類にとっては不適な環境だと考えられる．現在，日本では木材市況の低迷や高齢化に伴い間伐や枝打ちなどの管理がされない人工林が増えているが，こうした老齢人工林の増加は，比較的明るい環境を好む一部の昆虫類にとって，国土スケールで大きな負の作用をもたらすだろう．

1.2　森林改変と他の人為影響の関係

先述の通り，森林改変は都市化や農地化などの人為開発によって引き起こされることが多い．そのため，森林改変とそれらの人為開発は互いに相乗効果を生み出しながら昆虫類に負の影響を及ぼすと考えられる（人為撹乱が昆虫類にもたらす複合的な影響については終章を参照のこと）．たとえば，都市化によって森林改変が起きた場合，残された森林に生息する昆虫類は森林改変だけではなく都市化の影響も受けている恐れがある．実際に，都市化は地表面温度の上昇，土壌含水量の減少，リター量の減少など，森林性昆虫類の生息に負の影響を及ぼす様々な環境変化を景観スケールで引き起こす．Magura らがハンガリーの都市景観で行った研究によれば，森林性オサムシ科甲虫類の個体数は都市化と共に減少し，その背景には地表面や気温の上昇が関連していることを報告している（Magura *et al.*, 2008）．また最近の研究によれば，都市部に生息する昆虫類は，夜間人工照明の過剰利用に伴う「光（ひかり）害（light pollution)」の影響を強く受けていることが明らかになっており，特に夜行性の種ではその影響が顕著であると考えられる．都市化が森林性昆虫類に及ぼす負の影響のスケールやメカニズムは未だ不明な点が多いが，都市に生息する昆虫類はこうした様々な人為影響の脅威にさらされている．

同様に，農地開発によって森林の分断化が引き起こされた場合，農地利用が昆虫類に与える負の影響も考慮する必要があるだろう．たとえば，農地マトリクスで害虫類が大発生した場合，それらの種が森林パッチへと流れ込むことで，森林パッチ内に生息する昆虫類に間接的に負の影響（競争や捕食など）を与える恐れがある．また，近年世界的な環境問題として認識されているネオニコチノイド系殺虫剤の影響も懸念される（農薬がもたらす影響については第6章を参照のこと）．ネオニコチノイド系殺虫剤とは有機リン系農薬に代わって1990年代から広く使われるようになった農薬であるが，最近の研究からハチ類やチョウ類を始めとした複数の昆虫類に広域・長期的な負の影響をもたらすことがわかってきた．たとえば北カリフォルニアで行われた研究によれば，近年同地で問題となっているチョウ類個体群の衰退がネオニコチノイド系殺虫剤の利用により引き起こされている可能性が高いという（Forister *et al.*, 2016）．このように，都市化や農地化など分断化以外の人為影響も考慮すると，森林の分断化が昆虫類に及ぼす全体的な影響は従来考えられているよりも大きいと考えられる．

1.3　タイムラグを伴う森林改変の影響：絶滅の負債

昆虫類は森林改変に対して敏感に反応することが知られているが，そうした反応は必ずしも開発後すぐに起きるわけではない．実際に，森林改変が起き，将来的には昆虫類の個体群が景観から消失することが明らかな場合であっても，種によっては景観内に長期的に生息し続ける場合がある．このように，人為的な景観改変に対して時間的遅れ（タイムラグ）を伴って起きる将来的な絶滅のことを「絶滅の負債（extinction debt）」という（Kuussaari *et al.*, 2009；図1.4）．また，このように現在は一見安定的であっても，将来的に絶滅することが運命づけられている個体群のことを「生ける屍（living dead）」と呼ぶ．景観内に絶滅の負債が内在している場合，現在の生物の分布パターンは同時期の景観構造では十分に説明できず，むしろ過去の景観構造との間により密接に関連することがある（Kuussaari *et al.*, 2009）．

最近の研究から，森林の分断化に伴う昆虫類の消失にも時間的遅延が生じることがわかってきた．たとえば，東京都多摩地域で行われた研究によれば，同地の現在のチョウ類の分布パターンは現在の景観構造では上手く説明できず，むしろ現在から40年以上前の景観構造（森林パッチ面積）で説明されることが報告されている（Soga & Koike, 2013）．この地域は1960年代から始まった

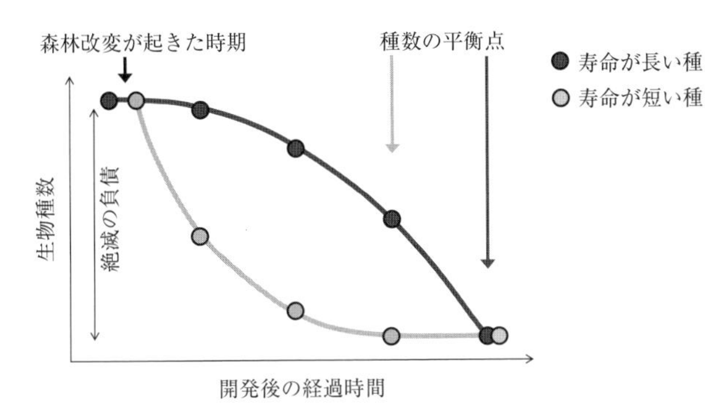

図 1.4 絶滅の負債の概念図
森林改変が生じたのち，寿命が長いまたは世代交代のサイクルが遅い昆虫種ほど森林改変に対応する（種数が減少し新たな平衡点に達する）までに長い時間を要すると考えられる．Kuussaari *et al.* (2009) を改変.

多摩ニュータウン開発の影響で森林の分断化が短期間で大きく進行した地域であるため，過去に起きた分断化の負の影響がまだ全て顕在化しきっていないと考えられる．特に彼らの研究では，世代数が少なく（一世代あたりの寿命が長く），森林環境への依存性が高い種ほど「生ける屍」として森林パッチに居残りやすいことが示されている．同様に，北海道の農地景観で行われた研究では，地表徘徊性甲虫類の分布が現在よりも過去の景観構造（1950 年代の景観内の森林被覆率）とより強く関連することが報告されている（Yamanaka *et al.*, 2015）．彼らの研究では，体サイズが大きい種ほど過去の景観構造の影響を受けやすいことが示されているが，この結果は一般的に大型種ほど移動性が小さく特定の生息地に居残りやすいことに起因しているのかもしれない（Yamanaka *et al.*, 2015）．森林景観で絶滅の負債の有無を検証した研究は現段階では未だ限定的であるが，草地生態系で行われた研究でも同程度の期間・規模の絶滅の遅れが報告されていることから，それらの結果には一定の妥当性があると言えよう．

上記の研究は，絶滅の負債が分断化景観（特に開発の歴史が浅い景観）において普遍的に存在している可能性を示唆している．もしそうであるならば，どこの森林にどれくらいの「絶滅の負債」があるのかを突き止め「生ける屍」の消失を未然に防ぐことは，分断化景観における昆虫類の保全を行う上で極めて重要であろう．なぜなら，そうした将来的に消えゆく種の絶滅を未然に防ぐことができれば，過去に起きた森林の分断化の影響を，部分的であったとしても，帳消しにすることができるかもしれないからである．これまで「絶滅の負債」というキーワードは，将来的な生物種の衰退・絶滅を暗示するため，保全生態学者の間では悲観的に捉えられることが多かった（Kuussaari *et al.*, 2009）．しかし，開発後に「生ける屍」が絶滅するまでの間の時間を「絶滅までの猶予期間」と考えれば，絶滅の負債は我々にとって大きな生物多様性保全のチャンスとなるだろう．

1.4　森林改変に敏感な昆虫種

昆虫類の中でも，森林改変に敏感に反応して極端に個体数を減らす種もいれば，あまり個体数を減らさず，むしろ個体数を増やす種もいる．それでは，なぜ特定の昆虫種だけが森林改変に弱いのか？　森林改変に脆弱な昆虫種は何か共通した形態・生態的特徴を持っているのか？　これらの疑問に答えることは，学術的な面に加えて，応用上の観点から見ても意義深い．なぜなら，森林改変に脆弱な種が共通して持つ何らかの特徴が明らかとなれば，今後森林減少・改変によって消失する可能性が高い種を予測し，予めそれらの種に配慮した保全策を実施することができるからである．ここでは，森林改変に脆弱な昆虫類の特徴について，これまでの研究から明らかになった知見を取り上げる．

生物の形態・生理・行動的な特徴のことを「生態的特性（ecological trait）」と呼ぶ．たとえば昆虫の場合，体・翅サイズ，成虫期の活動期間，採食物（食性）のタイプや種類，飛翔・分散能力，越冬型などが生態的特性として挙げられる．また，このとき同じような生態的特性を持つ生物種同士はまとめて「機能群（functional group）」と呼ばれる．これまでの研究から，森林改変に対する昆虫類の脆弱性は，同じ分類群の中であっても機能群ごとに異なることがわかっている．たとえばチョウ類の場合，分断化に対する種の脆弱性は，幼虫期に利用する食物資源の幅や分布域，また成虫期の活動期間と関連することがわかっている（Ohwaki *et al.*, 2007；Soga & Koike, 2012b；図 1.5）．同じく地表徘徊性甲虫類の場合，森林の分断化に対する種ごとの反応は，体サイズや森林環境への依存度，マトリクスに対する適応性と関連していることが知られる

(Fujita *et al.*, 2008；Yamanaka *et al.*, 2015)．さらにハチ類の場合は，地上営巣種や社会性種は地下営巣種や単独性種と比べて生息地の消失や分断化に対してより敏感であることがわかっている（Williams *et al.*, 2010)．

森林改変に対する昆虫類の反応は，機能群間だけでなく分類群間でも異なる．たとえばDriscollとWeirは，オーストラリアの農地景観において森林の分断化が複数の甲虫分類群に及ぼす影響を調べた結果，森林の分断化に対する昆虫類の脆弱性は，非飛翔性の分類群（ヒョウタンゴミムシの仲間など）で特に高いことが明らかとなった（Driscoll & Weir, 2005)．またCagnoloらは，アルゼンチンの分断化景観において，森林の分断化に対する昆虫類の反応を栄養段階の異なる二つの分類群（潜葉性昆虫およびそれらに対する寄生虫）を対象に調べた結果，潜葉性昆虫に比べて寄生虫の方が，森林面積の減少に対して敏感に反応することが示された（Cagnolo *et al.*, 2009)．このことは，栄養段階の上位に位置する昆虫類は，下位の種に比べて，より森林改変の影響を受けやすいことを示唆している．

以上のように，森林改変に対する昆虫類の反応は，食性や体サイズ，成虫期の活動場所，栄養段階などいくつかの主要な生態的特性と密接に関連していることが明らかとなりつつある．今後はこうした情報を用いることで，森林改変に敏感な昆虫種をより早期に，また効果的に保全することが可能となるだろう．

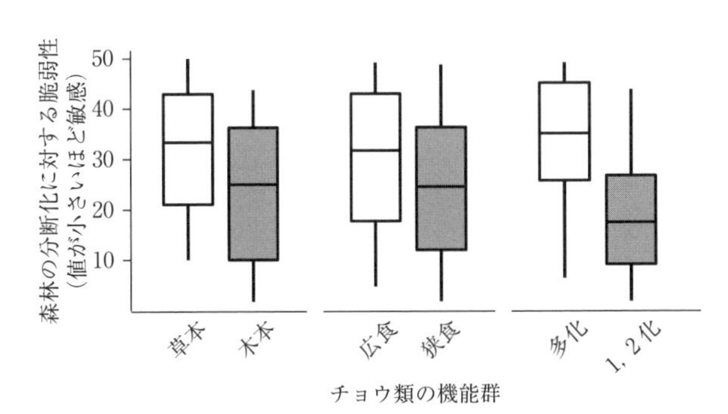

図1.5　森林の分断化に対するチョウ類の脆弱性と生活史特性の関係
幼虫期に木本植物を食べ，食樹・食草の幅が狭く，年世代数が少ないチョウ類種ほど森林の分断化に対して脆弱であることが見て取れる．図中の箱ひげ図は，両端が90％と10％の分位点を示しており，箱内の上辺と下辺が4分位点を，箱内の横線は中央値を示している．Soga & Koike（2012b）を改変．森林の分断化に対する脆弱性指数の算出方法については同文献を参照のこと．

1.5　希少種の消失と生物相の均質化

森林の消失や分断化が起きると，景観内から森林内部の安定的な環境が失われ林縁域が増加し，景観はより明るく開けた開放的な環境（マトリクス）で占められるようになる．そのため，一般的に森林改変が起きると，森林の内部環境に依存した昆虫類（内部種，interior species）が減少し，開放環境を好む種（open-land species）が蔓延るようになる．このように，これまでにいた生物種が消失し，新たな生物種が定着することにより，地域間で生物群集の組成や機能が類似してくる現象を生物相の均質化（biotic homogenization）という（McKinney & Lockwood, 1999）．生物相の均質化は，森林の分断化や都市化，農地開発など様々な人為開発により引き起こされることがわかっており，世界的な生物多様性喪失の主要因の一つとして認識されている．

一般的に，生物相の均質化によって地域から消失しやすい種は希少種と呼ばれる生物種である．なぜなら，希少種の多くは森林の消失や分断化に敏感な生態的特徴を持つからである（希少種の全てが森林改変に敏感であるとは限らない点は注意が必要である）．一般に希少種は，（1）分布域が狭い，（2）限られた生息地や資源に依存している（生態的ニッチが狭い），（3）個体群サイズが小さい（遺伝的変異が小さい），（4）愛好家等による乱獲の対象になりやすいといった特徴を持つ．そのため，森林改変や生息地の消失が起きると，上記の特徴を持たない種と比べて負の影響を受けやすいのである．たとえばSogaとKoikeが都市化に伴う森林の分断化がチョウ類群集に及ぼす影響を調べた研究によれば，幼虫期に特定の植物種や限られた種類の植物しか採食しない「スペシャリスト種（specialist species）」といわれるチョウ類の仲間は，森林減少や分断化に対して特に敏感であることが明らかとなっている（Soga & Koike, 2012b）．一方，「ジェネラリスト種（generalist species）」といわれるチョウ類は，森林改変に対して耐性があることが確認された．

1.6　森林改変が生態系機能・サービスに及ぼす影響

ここまで森林減少・改変に対する昆虫類の反応に注目してきたが，ここで昆虫類が持つ生態系機能や生態系サービスに注目したい．冒頭でも述べた通り，森林生態系において昆虫類は，花粉媒介や種子散布，腐肉食・分解など森林生態系を維持する上で不可欠な機能を有している．また，こうした生態系機能の中には，数多くの生態系サービスも含まれている．そのため，森林減少・改変により昆虫類が減少・消失すれば，それらの昆虫類が担ってきた生態系機能・サービスが失われる恐れがある．この章では，森林生態系において昆虫類が果たす主要な生態系機能・サービスである「花粉媒介」，「種子散布」，「物質循環」，「害虫抑制」の四つの機能について述べる．

1.6.1　花粉媒介

森林改変によりハチ類やカミキリムシ類などの訪花性昆虫（ポリネーター）が消失すれば，植物の花粉媒介（ポリネーション）効率が低下し，果実・種子ができにくくなる恐れがある．実際に，アルゼンチンで行われた研究によれば，分断化によって孤立した森林では，分断化が起きていない森林と比べて植物の果実量・結実量・種子生産量が平均20% ほど落ち込むことが示されている（Aizen & Feinsinger, 1994；図1.6）．また北アメリカの都市景観で行われた研究では，景観内で多くみられる植物種であるヒメハナシノブ（*Polemonium reptans*）への訪花性昆虫の訪問頻度が，その森林パッチの周囲200m の森林面積と正の関係であることがわかり，景観スケールでの森林減少が本種の繁殖に負の影響を及ぼすことが示唆された（Williams & Winfree, 2013）．こうした訪花性昆虫の減少は経済的にも重要な意味を持つ．なぜならば，送粉機能を持った昆虫類が減少すれば，それらに花粉の媒介を依存している作物の収量に負の影響を及ぼし得るからである．たとえば，Taki らが茨城県で行った研究によれば，森林や草地などの訪花性昆虫の生息場である生態系が周りに豊富なソバ畑では，ミツバチなどによる訪花頻度が多く，その結果ソバの結実率も向上することが報告されている（Taki *et al.*, 2011）．

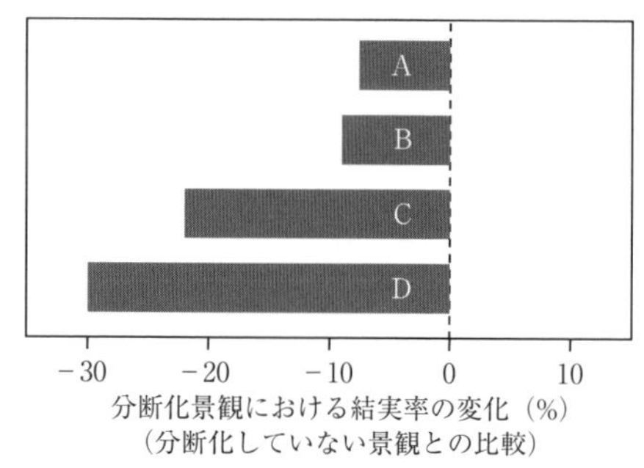

図1.6　アルゼンチン森林景観における森林の分断化と植物の結実率の関係
森林の分断化が起きていない広大な森林と比較して，森林の分断化が生じた景観では植物の結実率が低下することが見て取れる．図中のアルファベットはそれぞれ個別の植物種を表す（A: *Prosopis nigra,* B: *Portulaca umbraticola,* C: *Opuntia quimilo,* D: *Rhipsalis lumbricoides*）．Aizen & Feinsinger（1994）を改変．

1.6.2　種子散布

一般に植物の種子散布は鳥類や哺乳類によって行われると考えられている．しかし一部の昆虫類は種子散布過程においても重要な役割を持つ．たとえば草本植物種の種子を餌としている雑食性・種子食性のアリは，草本植物の種子散布を直接的に担っている．草本植物には種子にエライオソームと呼ばれる誘因器官が備わっており，これがアリの運搬行動を誘発し，その種子を散布させる．鳥や哺乳類による種子散布と違って目立たないが，アリ散布植物は日本でもケマン属，スミレ属，オドリコソウ属，カタクリ属など広い分類群にわたって見られ，約200種が分布している．また，食糞性コガネムシの一部（オオセンチコガネ等）は，哺乳類が排せつした糞を地中に埋め込む際に，糞に含まれる木本性植物の種子も一緒に埋め込む．そのため，糞虫類は森林生態系において重要な二次種子散布者（secondary seed disperser）として考えられている（Shepherd & Chapman, 1998）．本章でもいくつか事例を挙げているが，アリ類や糞虫類は森林の分断化をはじめとした人為的な景観改変に対して敏感に反応する生物分類群である．このことを踏まえると，森林の改変や消失は種子散布という森林生態系の維持に関わる重要な生態系機能・サービスに影響を与えている可能性がある．花粉媒介と異なり，種子散布の減少や効率の低下の影響が顕在化するには長期的な時間がかかる．今後長期的な研究やデータが蓄積されることでその影響が明らかになるだろう．

1.6.3　物質循環

多くの昆虫類は森林生態系において，腐肉食や分解など物質循環に関する重要な機能・サービスを担っている．たとえば，シロアリの仲間は，木の幹に豊富に含まれるセルロースを栄養とする数少ない生物で，倒木などを土に還すため「森の分解者」とも呼ばれている．また，シデムシの仲間は名前（死出虫）の通り，動物の死骸や腐肉を食べて生活しており，大腸菌や炭疽菌，サルモネラ菌，ボツリヌス菌といった病原菌の温床を減らしてくれる．そのため，森林の改変や消失が原因でこうした物質循環を担う昆虫類が消失すれば，森林生態系における物質やエネルギーの循環が滞るだけではなく，人間に対しても負の影響（伝染病の流行や感染のリスクの拡大）をもたらすだろう．たとえばSugiuraらが茨城県で行った研究によれば，森林被覆が多い景観と比べて，森林被覆が少ない景観では地表徘徊性甲虫類（シデムシ等）の種数が少なく，その結果，景観内に遺棄された動物の死骸の消失率も低くなることが報告されている（Sugiura *et al.*, 2013；図 1.7）．

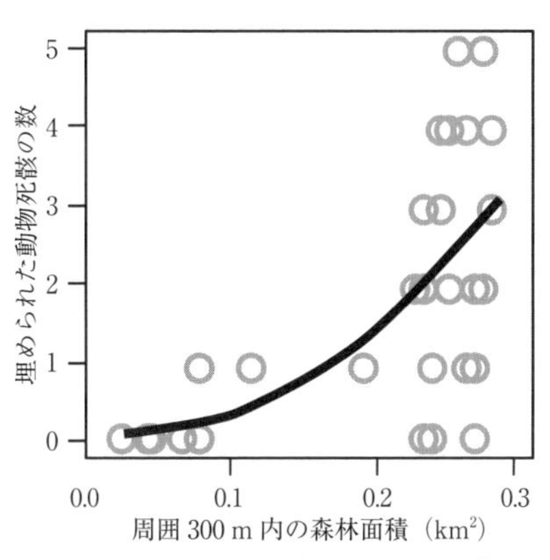

図 1.7　茨城県の 31 の森林景観におけるシデムシ科甲虫類（モンシデムシ属）による動物死骸の埋め込み数と景観内（周囲 300 m 以内）の森林被覆率の関係

景観内の森林面積が増加するにつれて，シデムシ科甲虫類による動物死骸の地中への埋め込み数が増えることが見て取れる．Sugiura *et al.* (2013) を改変．

1.6.4 害虫抑制

アリ類やハチ類等の肉食性昆虫の一部は，森林生態系やその周囲の農地・都市景観において害虫の大発生を抑制する機能を担っている．これまでこうした害虫抑制の多くは鳥類が貢献していると考えられてきたが，最近の研究から昆虫類が果たす役割の重要性が明らかとなってきた．たとえば米国では，昆虫類が生態系において果たす害虫抑制サービスは，年間で4.5億米国ドルに相当すると推定されている（Losey & Vaughan, 2006）．そのため，森林の改変や消失に伴い肉食性昆虫が減少すれば，周囲の景観を含めた広範な場所で害虫抑制機能が低下するだろう．また，Aristizábal と Metzger がブラジルのコーヒー農園で行った研究によれば，農園内でのアリ類による害虫（コーヒーベリーボーラー）の抑制機能は，農園周囲（半径2 km程度の範囲）の森林被覆に依存することが明らかとなっている（Aristizábal & Metzger, 2019）．彼らの研究によれば，農園周囲の森林被覆率が40％以上になると，コーヒーベリーボーラーの個体数やコーヒーに対する被害が減少するという．

以上のように，森林減少・改変は，昆虫類の減少を介して森林生態系全体に負の波及効果をもたらし得る．しかしながら，森林生態系において昆虫類が発揮する生態系機能・サービスについては，その大部分で定量的な評価が進んでいない．今後，景観スケールでのより詳細な研究が求められよう．

1.7 森林改変が生物間相互作用に及ぼす影響

森林生態系において昆虫類は，他の生物種との間に数多くの生物間相互作用を持っている．そのため，森林減少・改変による昆虫類の減少や消失は，他の動植物との間の相互作用を変化させると考えられる．たとえば植物との相互作用を考えた場合，森林改変に伴い植食性昆虫の種数や個体数が変化（減少）すれば，森林内の植物と植食性昆虫のバランス（捕食–被食関係）にも変化が生じるだろう．実際に，森林内に生息する植食性昆虫類の種数や個体数は，森林パッチの面積や境界域（林縁）からの距離に影響を受けることが知られている．

たとえばValladaresらの研究によれば，植食性昆虫による森林内の植物の被食率が森林パッチ面積の減少に伴い低下することが明らかとなっている（Valladares *et al.*, 2006）．また，植物の花粉媒介や種子散布を担う昆虫類相が変化すれば，送粉や種子散布の頻度やパターンにも変化が生じるだろう．Andresenの研究によれば，森林の分断化は，食糞性コガネムシ類の減少を介して，木本植物の種子の埋め込み率を減少させることが明らかとなっている（Andresen, 2003；図1.8）．このことは，長期的に見た場合，木本植物の分布拡大や個体群維持の機会の喪失につながるため，森林更新に深刻な影響をもたらすだろう．

一方，昆虫類と他の動物種との相互作用の場合，捕食–被食関係や共生・寄生関係の変化が生じる恐れがある．たとえば，森林の分断化により捕食者や寄生者である昆虫類が減少すると，これまでそれらの種によって個体数を抑制されていた他の動物種は増加する可能性がある．実際にRolandは，カナダのポプラ林におけるオビカレハ（*Malacosoma disstria*）の大発生が，森林の分断化によるトビコバチ・コマユバチ科の昆虫類（オビカレハの天敵昆虫）の減少によって引き起こされていることを指摘している（Roland, 1993）．またDe Almeidaらがブラジルの分断化景観で行った研究によれば，森林パッチ内部に比

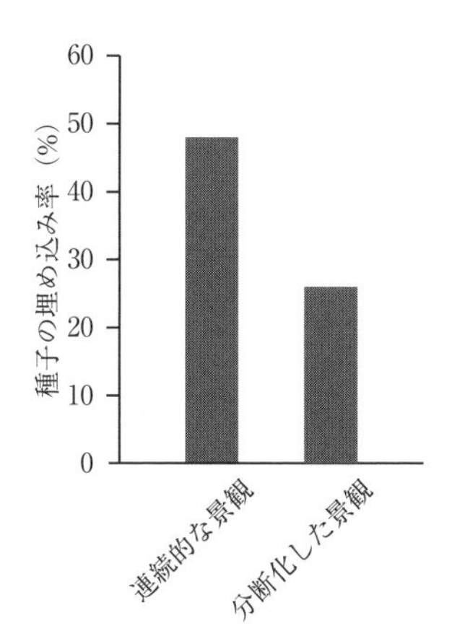

図1.8　ブラジルの森林景観における森林の分断化と糞虫類による植物種子（ミクロフォリス属の植物）の埋め込みの関係

森林の分断化が起きていない広大な森林と比較して，森林の分断化が生じた景観では糞虫類による種子の埋め込みが減少することが見て取れる．Andresen（2003）を改変．

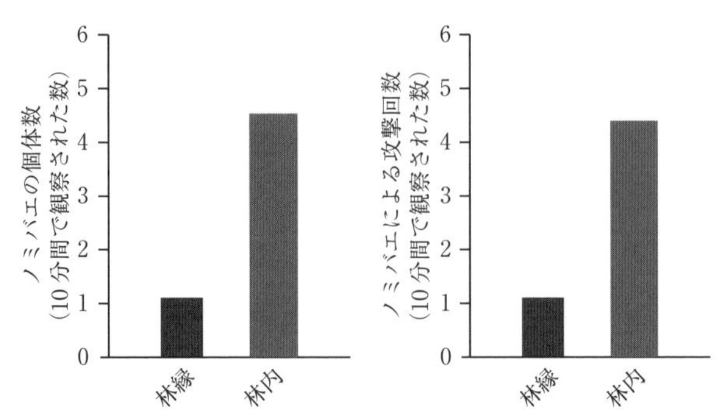

図1.9　ブラジルの森林景観における森林環境（林内／林縁）とノミバエによるアリ類への托卵頻度の関係

森林内部と比較して，林縁ではノミバエ（寄生者）の個体数が少なく，その結果ノミバエによるアリ類への托卵頻度（攻撃回数）が減少することが見て取れる．De Almeida *et al.* (2008）を改変.

べて，林縁ではノミバエ（寄生者）の個体数が約40％少なく，その結果アリ類（宿主）への托卵も30％ほど減少することが報告されている（De Almeida *et al.*, 2008；図1.9).

この章で紹介した研究例は，昆虫類が持つ生物間相互作用を示した研究の一端に過ぎないが，森林生態系内の生物同士のつながりにおいて，いかに昆虫類が重要な位置にあるかを物語っている．今後の研究では，こうした昆虫類を中心とした生物間ネットワークが人為的な森林改変によってどのように変化するのかを，より詳細に解明する必要があるだろう.

1.8　森林景観における昆虫類の保全に向けて

現在の世界的な人口増加や経済発展を考慮すれば，今後も森林景観が土地利用転換や資源利用等の人為開発の影響を受け続けることは間違いないだろう．本章では最後に，森林に生息する昆虫類を保全するために有効だと思われる方法をいくつか述べ，今後の森林生態系管理の在り方を考えたい.

1.8.1　自然保護区

昆虫類に限らず，人為開発による生物多様性の損失・生態系の劣化を回避する上で最も効果的な方法は，「自然保護区」を設置することであろう．自然保護区とは，生態系の保全のために設けられた区域のことである．自然保護区にはその目的により様々な名称や形態があるが，我が国の場合，自然環境保全地域・自然公園（国立・国定公園）・生息地等保護区などが主として挙げられる．現在，自然保護区は世界中に20万箇所以上あり（水域を含む），この中には森林生態系もかなりの面積が含まれている．

森林性昆虫類の場合，自然保護区が持つ生物多様性保全機能の高さは，大きく三つの景観要素に依存する（Diamond，1975；図1.10）．一つめは，保護区の面積である．先に述べた通り，小さな生息地に比べて大面積の生息地では，生物種の個体群サイズが大きくなるため局所絶滅のリスクを抑えることができる．また，生息地内により多様な環境や餌資源を維持することができるため，多種の生物が生息する上で適している．そのため，同面積の保護区を設置する場合，沢山の小さな保護区を設置するよりも少数の大きな保護区を設置したほうが，生物多様性保全機能が高まるだろう．二つめは，保護区の形状（上空から見た平面形状のこと）である．一見，保護区の形状は複雑なほど保護区内の環境が多様になり，より多くの昆虫種を保全できると思えるかもしれない．しかし，円形と比較して形状が複雑な保護区（極端な例では星型）では，単位面積当たりに占める林縁（マトリクスと接する場所）の割合が大きいため，境界

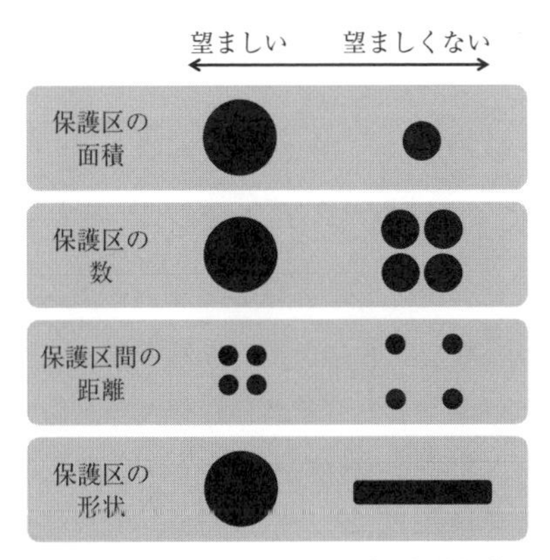

図1.10　森林性昆虫類を保全する上で最適な自然保護区のデザイン
Diamond（1975）は，保護区を設置する場合，面積が大きく（数が少なく），連続性が保たれ，円形であるほど生物多様性の保全機能が高まることを提案した．Diamond（1975）を改変．

効果の負の影響を受けやすいというデメリットもある．そのため，保護区を設置する場合は，なるべく保護区を円形に近づけるほうが保全上望ましいだろう．三つめは，保護区の配置である．先述の通り，生息地の分断・孤立は地域個体群の長期的な存続に負の影響を及ぼす．そのため，複数の保護区を設置する場合，個体群間の交流を促進するために，保護区間の距離を互いに近づけて配置することが望まれよう．

一般に，自然保護区を設置する際，可能な限り大面積の保護区を残す方がより多くの生物種を保全することができると考えられているが，必ずしも大面積の保護区を残すことが保全上最適ではないこともある．実際に，小さな保護区でも生息可能な種や，むしろ小さな保護区にしか生息していない種が少なからず存在する．この「自然保護区を設置する際に，単一の大面積の保護区を設置する方法と小面積の保護区を多数設置する方法ではどちらがより多くの種を保全できるのか（single large or several small；SLOSS)」という議論は，各単語の頭文字をとってSLOSS論争と呼ばれている．SLOSS論争は，1970〜1980年代に非常に激しい議論を巻き起こしたが，現在では両者の優劣は状況依存であるという考えが主流である．おそらく最も重要な点としては，保護区内に生息する生物群集が「入れ子構造」を持つかどうかであろう．すなわち，小面積の保護区に生息する生物群集が大面積の保護区の群集の部分集合にすぎない場合（入れ子構造を持つ場合）には，複数の小面積保護区を設置するよりも単一の大面積保護区を設置する方がより多くの生物種を保全することができると考えられる．

1.8.2　緑の回廊（コリドー）

先述の通り，森林の分断化により生息地が互いに孤立すると，地上や樹上を移動する昆虫類にとっては，繁殖に制限・支障が生じ，遺伝的多様性が失われるなどの問題が起こりやすくなる．そのため分断化景観では，保全上の観点から，孤立した森林パッチを細長い樹林地によって繋ぐことがしばしば行われている．このように人為開発によって分断された生物の生息地間を繋ぎ，生息地の連続性を確保し，生物の移動を促進するための細長い生息地のことを「緑の回廊（コリドー；corridor)」と呼ぶ．コリドーが持つ生物多様性保全上の機能については古くから検証されてきており，チョウ類や地表性甲虫類などを含めた様々な昆虫類に正の効果を及ぼすことが知られている．

コリドーという考え自体は数十年前から提案されてきた歴史の長いものである．そのため現在では，多くの国や地域が生物多様性保全戦略の一つとしてコリドーの設置に取り組んでいる．たとえば我が国の場合，林野庁が国有林野事業の一環で保護林を中心としたネットワーク形成（「緑の回廊構想」）を進めており，国内に24箇所の大規模な樹林地がコリドーとして設置されている．また英国の場合，農地景観の生物多様性を保全することを目的に実施されている「Agri-Environment Schemes（AES）」政策の一環で，ヘッジロウと呼ばれる低木や草本を用いて作られた生垣のような細長い植生帯の保全が国土スケールで行われている．ヘッジロウについては，実際に森林性昆虫類の移動・生息場として重要な機能を持つことが知られており（Fournier & Loreau, 2001），農地開発による昆虫類の衰退を防ぐ上で大きく貢献していると考えられる．

1.8.3　マトリクス管理

ここまで読むと，適切に自然保護区を設置・管理し，コリドーを用いて保護区間のネットワークを形成すれば森林性昆虫類の保全は十分に達成できると思われるかもしれない．しかしながら，多くの場合，それだけでは不十分である．それには大きく三つの理由がある．一つめの理由は，保護区の設置には経済的・物理的に限界があり，大きな面積の保護区を多数，長期間維持するのは通常困難なためである．二つめは，現在，設置されている保護区は地理的分布の面で空間的に大きな偏りがあり，多様な地域に分布する昆虫類を保護区だけで包括的に保全することが難しいためである．そして三つめは，保護区周辺における人為活動の影響（自然資源の採取，都市化など）により，保護区自体の「生息地の質」が劣化してきているためである．

こうした理由から最近では，分断化景観において生物多様性を保全するためには，従来生息地としては不適だと考えられてきた「マトリクス」の質を向上させることが重要であると認識されている．実際に，分断化景観において，マトリクスの質を向上させることは，個体の森林パッチ間の交流を促進させるだけでなく，マトリクスの一部が森林性昆虫類の新たな生息地となるなど，多数

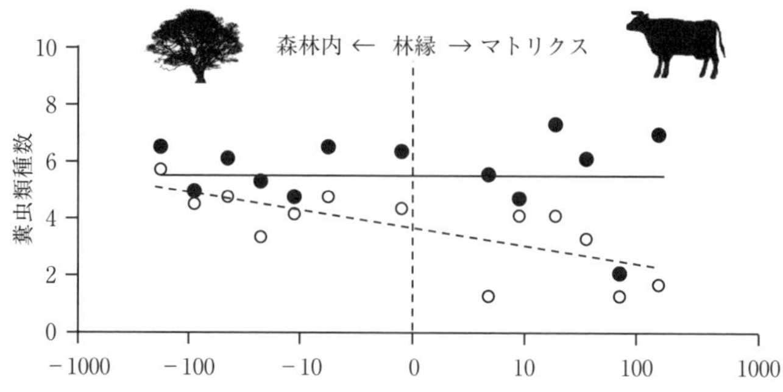

図 1.11　ナイジェリアの森林景観における，森林パッチに生息する糞虫類の林縁に対する応答（境界効果）

森林パッチに隣接するマトリクスを再生させていない森林内では，林縁に向かうにつれて糞虫類の種数が減少している（白丸および破線）．一方，マトリクスを再生させた森林では，林内と林縁で糞虫類の種数に差が見られない（黒丸および実線）．Barnes *et al.* (2014) を改変．

の保全上の正の効果をもたらす．加えてマトリクス管理は，森林パッチ内における負の境界効果（エッジ効果）を低下させる効果も持つ．Barnes らはナイジェリアの分断化景観において，マトリクスの再生（放牧の禁止や植生回復の促進など）が森林パッチに生息する糞虫群集に及ぼす影響を調べた（Barnes *et al.*, 2014）．3年間にわたり森林パッチに隣接するマトリクスを再生させた結果，森林パッチに生息する糞虫類の個体数は再生前と比較して1.5倍に増加した．また糞虫類の林縁に対する応答（境界効果の強弱）を調べた結果，マトリクスの再生を行った森林パッチでは90％以上の種で境界効果の減少が確認され，林縁と林内における糞虫類相の種数や組成の違いが明瞭ではなくなった（図1.11）．この結果は，分断化景観においてマトリクスの質を向上させることが森林パッチに生息する昆虫類に大きな正の効果をもたらすことを示している．もちろんマトリクスの管理だけで森林性昆虫類の保全を行うことは難しいが，先述した保護区やコリドー等の保全戦略と組み合わせて用いることで，景観内の生物多様性保全機能を向上させることが可能だろう．

おわりに

森林景観を開発する際，我々はどのように景観をデザインすれば昆虫類を最も効果的に保全することができるのだろうか？　景観内の生物多様性を保全す

るためには，大きく二つの選択肢（戦略）がある（図 1. 12）．一つは，単位面積当たりの開発強度を最大化する代わりに開発面積を最小化にする土地利用である．この方法では，開発地における生物多様性の保全は見込めないが，開発が不要な手つかずの森林を自然保護区として残すことができる（図 1. 12 左）．もう一方は，開発面積を最大化する代わりに単位面積当たりの開発強度を最小化にする土地利用である．この戦略では，保護区のような特別な区域を設置することはできないが，小規模な森林やコリドーなどを用いて景観全体で生物多様性を広く保全できるという利点がある（図 1. 12 右）．前者のような集約的な土地利用を「土地の節約（land sparing)」，後者のような粗放的な土地利用を「土地の共有（land sharing)」という（Fischer *et al.,* 2008）．両戦略のいずれが生物多様性保全を行う上でより適しているのかについては現在さかんに議論がなされているが（Fischer *et al.,* 2008），最近我が国で行われた研究によれば，森林性のチョウ類および地表徘徊性甲虫類を対象とした場合，土地の節約の方が圧倒的に高い生物多様性保全機能を発揮することがわかっている（Soga *et al.,* 2014）．特にこの傾向は，飛翔能力が低く，林床を主な生息環境とする地表徘徊性甲虫類で顕著であり，中には両戦略間で数百倍も保全機能（景観内で維持できる個体数）に差があった種もいるという（Soga *et al.,* 2014）．彼ら

土地の節約

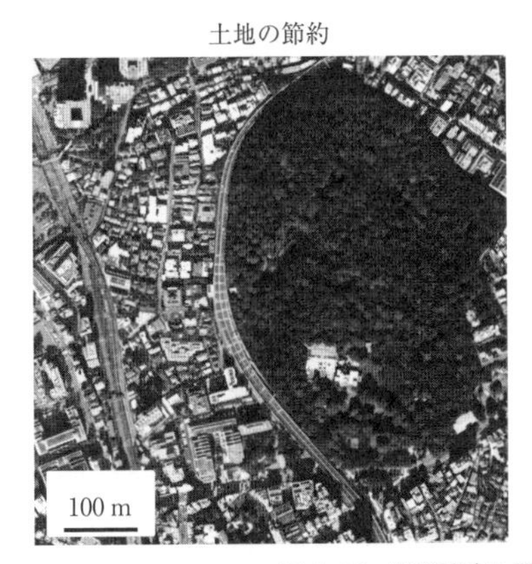

土地の共有

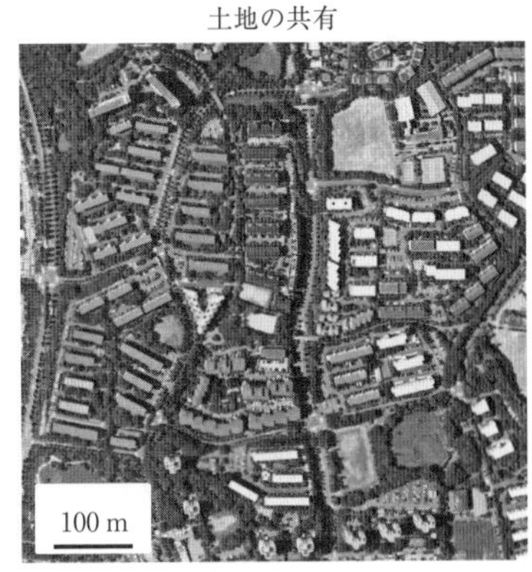

図 1. 12　開発強度と開発面積のトレードオフ

究極的には，景観の開発戦略は二つに分類できる．一つは，単位面積当たりの開発強度を最大化する代わりに開発面積を最小化にする土地利用（土地の節約）であり，もう一方は，開発面積を最大化する代わりに開発強度を最小化にする土地利用（土地の共有）である．→口絵 2

の研究は現段階では一つのケーススタディに過ぎないが，この研究結果は，森林性昆虫類を保全する場合，景観の中に一定面積の手つかずの生息地を残しておく（部分的にでも土地の節約を行う）ことがいかに重要であるかを示している．今後，土地の節約と土地の共有戦略をどのように組み合わせて森林景観を管理していくべきなのかを議論していく必要があるだろう．

近年の景観生態学や保全生態学の発展に伴い，森林改変に対して昆虫類がどのように反応し，またそれが森林生態系全体にどのような波及効果をもたらすのかについて，我々の理解・知見は飛躍的に進んだ．今後は，こうした研究をさらに積み上げるだけでなく，いかにこれまでの研究で得られた知見を実際の森林や景観管理に関する政策へ生かし，現実に起きている環境問題の解決に取り組むかが重要となろう．そのためには，研究者だけではなく，地域の資源管理者や意思決定者，政策立案者など幅広い関係者と協力して研究を進めていくことが不可欠である．

引用文献

Aizen, M. A. & Feinsinger, P. (1994) Habitat fragmentation, native insect pollinators, and feral honey bees in Argentine 'Chaco Serrano'. *Ecol. Appl.*, **4**, 378–392.

Andresen, E. (2003) Effect of forest fragmentation on dung beetle communities and functional consequences for plant regeneration. *Ecography*, **26**, 87–97.

Aristizábal, N. & Metzger, J. P. (2019) Landscape structure regulates pest control provided by ants in sun coffee farms. *J. Appl. Ecol.*, **56**, 21–30.

Barnes, A. D., Emberson, R. M. *et al.* (2014) Matrix habitat restoration alters dung beetle species responses across tropical forest edges. *Biol. Conserv.*, **170**, 28–37.

Benedick, S., White, T. A. *et al.* (2007) Impacts of habitat fragmentation on genetic diversity in a tropical forest butterfly on Borneo. *J. Trop. Ecol.*, **23**, 623–634.

Cagnolo, L., Valladares, G. *et al.* (2009) Habitat fragmentation and species loss across three interacting trophic levels: effects of life-history and food-web traits. *Conserv. Biol.*, **23**, 1167–1175.

De Almeida, W. R., Wirth, R. *et al.* (2008) Edge-mediated reduction of phorid parasitism on leaf-cutting ants in a Brazilian Atlantic forest. *Entomol. Exp. Appl.*, **129**, 251–257.

Driscoll, D. A. & Weir, T. O. M. (2005) Beetle responses to habitat fragmentation depend on ecological traits, habitat condition, and remnant size. *Conserv. Biol.*, **19**, 182–194.

Ewers, R. M. & Didham, R. K. (2008) Pervasive impact of large-scale edge effects on a beetle community. *Proc. Natl. Acad. Sci. USA*, **105**, 5426–5429.

Fahrig, L. (2003) Effects of habitat fragmentation on biodiversity. *Annu. Rev. Ecol. Evol. Syst.*, **34**,

487–515.

Fischer, J., Brosi, B. *et al.* (2008). Should agricultural policies encourage land sparing or wildlife-friendly farming? *Front. Ecol. Environ.*, **6**, 380–385.

Forister, M. L., Cousens, B. *et al.* (2016) Increasing neonicotinoid use and the declining butterfly fauna of lowland California. *Biol. Lett.*, **12**, 20160475.

Fournier, E. & Loreau, M. (2001) Respective roles of recent hedges and forest patch remnants in the maintenance of ground-beetle (Coleoptera: Carabidae) diversity in an agricultural landscape. *Landsc. Ecol.*, **16**, 17–32.

Fujita, A., Maeto, K. *et al.* (2008) Effects of forest fragmentation on species richness and composition of ground beetles (Coleoptera: Carabidae and Brachinidae) in urban landscapes. *Entomol. Sci.*, **11**, 39–48.

Hanski, I., Koivulehto, H. *et al.* (2007) Deforestation and apparent extinctions of endemic forest beetles in Madagascar. *Biol. Lett.*, **3**, 344–347.

Keller, I. & Largiader, C. R. (2003) Recent habitat fragmentation caused by major roads leads to reduction of gene flow and loss of genetic variability in ground beetles. *Proc. R. Soc. Lond. B*, **270**, 417–423.

Kuussaari, M., Bommarco, R. *et al.* (2009) Extinction debt: a challenge for biodiversity conservation. *Trends Ecol. Evol.*, **24**, 564–571.

Laurance, W. F. (2008) Theory meets reality: how habitat fragmentation research has transcended island biogeographic theory. *Biol. Conserv.*, **141**, 1731–1744.

Lawton, J. H. (1999) Are there general laws in ecology? *Oikos*, **84**, 177–192.

Losey, J. E. & Vaughan, M. (2006) The economic value of ecological services provided by insects. *Bioscience*, **56**, 311–323.

Magura, T., Tóthmérész, B. *et al.* (2008) A species-level comparison of occurrence patterns in carabids along an urbanisation gradient. *Landsc. Urban Plan.*, **86**, 134–140.

McKinney, M. L. & Lockwood, J. L. (1999) Biotic homogenization: a few winners replacing many losers in the next mass extinction. *Trends Ecol. Evol.*, **14**, 450–453.

Nakano, S. & Murakami, M. (2001) Reciprocal subsidies: dynamic interdependence between terrestrial and aquatic food webs. *Proc. Natl. Acad. Sci. USA*, **98**, 166–170.

Ohwaki, A., Tanabe, S. I. *et al.* (2007) Butterfly assemblages in a traditional agricultural landscape: importance of secondary forests for conserving diversity, life history specialists and endemics. *Biodiv. Conserv.*, **16**, 1521–1539.

Paritsis, J. & Aizen, M. A. (2008) Effects of exotic conifer plantations on the biodiversity of understory plants, epigeal beetles and birds in *Nothofagus dombeyi* forests. *For. Ecol. Manag.*, **255**, 1575–1583.

Roland, J. (1993) Large-scale forest fragmentation increases the duration of tent caterpillar outbreak. *Oecologia*, **93**, 25–30.

Sánchez-de-Jesús, H. A., Arroyo-Rodríguez, V. *et al.* (2016) Forest loss and matrix composition are the major drivers shaping dung beetle assemblages in a fragmented rainforest. *Landsc. Ecol.*, **31**, 843–854.

Shepherd, V. E. & Chapman, C. A. (1998) Dung beetles as secondary seed dispersers: impact on seed predation and germination. *J. Tropic. Ecol.*, **14**, 199–215.

Soga, M. & Koike, S. (2012a) Relative importance of quantity, quality and isolation of patches for butterfly diversity in fragmented urban forests. *Ecol. Res.*, **27**, 265–271.

Soga, M. & Koike, S. (2012b) Life-history traits affect vulnerability of butterflies to habitat fragmentation in urban remnant forests. *Ecoscience*, **19**, 11–20.

Soga, M. & Koike, S. (2013) Mapping the potential extinction debt of butterflies in a modern city: implications for conservation priorities in urban landscapes. *Anim. Conserv.*, **16**, 1–11.

Soga, M., Yamaura, Y. *et al.* (2014) Land sharing vs. land sparing: does the compact city reconcile urban development and biodiversity conservation? *J. Appl. Ecol.*, **51**, 1378–1386.

Soga, M., Kawahara, T. *et al.* (2015) Landscape versus local factors shaping butterfly communities in fragmented landscapes: Does host plant diversity matter? *J. Insect Conserv.*, **19**, 781–790.

Sugiura, S., Tanaka, R. *et al.* (2013) Differential responses of scavenging arthropods and vertebrates to forest loss maintain ecosystem function in a heterogeneous landscape. *Biol. Conserv.*, **159**, 206–213.

Taki, H., Yamaura, Y. *et al.* (2011) Plantation vs. natural forest: matrix quality determines pollinator abundance in crop fields. *Sci. Rep.*, **1**, 132.

Valladares, G., Salvo, A. *et al.* (2006) Habitat fragmentation effects on trophic processes of insect-plant food webs. *Conserv. Biol.*, **20**, 212–217.

Vasconcelos, H. L., Vilhena, J. *et al.* (2006) Long-term effects of forest fragmentation on Amazonian ant communities. *J. Biogeo.*, **33**, 1348–1356.

Williams, N. M., Crone, E. E., T'. *et al.* (2010) Ecological and life-history traits predict bee species responses to environmental disturbances. *Biol. Conserv.*, **143**, 2280–2291.

Williams, N. M. & Winfree, R. (2013) Local habitat characteristics but not landscape urbanization drive pollinator visitation and native plant pollination in forest remnants. *Biol. Conserv.*, **160**, 10–18.

Yamanaka, S., Akasaka, T. *et al.* (2015) Time-lagged responses of indicator taxa to temporal landscape changes in agricultural landscapes. *Ecol. Indic.*, **48**, 593–598.

第2章 乱獲による影響

滝 久智

はじめに

昆虫のみならず一般に生物が絶滅の危機にさらされる背景には人間によるオーバーユースがある．オーバーユースとは，人間が過剰に利用することに付随した生物多様性への影響である．そのひとつには，第1章で述べられているように，森林の消失をはじめとした人間による開発によって生物の生息地が改変される事象があるが，さらには，生物そのものが過剰に捕獲される事象も含む．商業的あるいは文化的利用による生物種を対象とした直接的な採取は，それが過剰であった場合，生物種の個体数減少へとつながり，ひいては絶滅をもたらしてしまう懸念がある．当然こうした捕獲の対象となっている生物種が森林昆虫である場合もある．たとえば，国際自然保護連合（IUCN）が中心となって絶滅のおそれがある種，個体数が減少している種にランク付けして，レッドリストという形式でまとめている（IUCN, 2020）．リストには，森林昆虫のみならず，哺乳類，鳥類，両生類，爬虫類，魚類，他の様々な無脊椎動物が網羅されており，それぞれの生物種の学名，生息域，主な絶滅への脅威などが示されており，乱獲が絶滅の主な要因となっている生物種もいる．

幸いともいえるが，日本の国レベルでみると，これまでのところ絶滅に瀕するあるいは絶滅してしまった昆虫種が，乱獲のみの単一な要因が引き金であることが明らかな事例を確認することはほとんどない．たとえば，日本のレッドリストに掲載されていて絶滅（EX）ランクされる昆虫種であるカドタメクラチビゴミムシ（*Ishikawatrechus intermedius*），コゾノメクラチビゴミムシ（*Rakantrechus elegans*），スジゲンゴロウ（*Prodaticus satoi*），キイロネクイハムシ（*Macroplea japana*）では（図2.1），それぞれの種において，生息地の消失や汚染，農薬の使用を含めた農法の変化などの生息地環境の劣化が絶滅の主たる要因と考えられ，いずれの絶滅種においても人間による乱獲は関与していないと推察されている（環境省，2019）．また，絶滅はしていなくともその恐れがある絶滅危惧種に指定されている昆虫においても，日本の国レベルで考慮すれば，人間の過剰な採集が単一の要因として疑われている種は，今のところ報告されていない（環境省，2019）．一方で，食草などの昆虫が，依存する植物の乱獲によって，間接的に影響を受けてしまう懸念は一部指摘されている（川上，2010）．

しかしながら，そもそも地球上の大半の昆虫種において，生息個体数については情報不足であるうえ，個体数の動向がわかっているグループの中には明ら

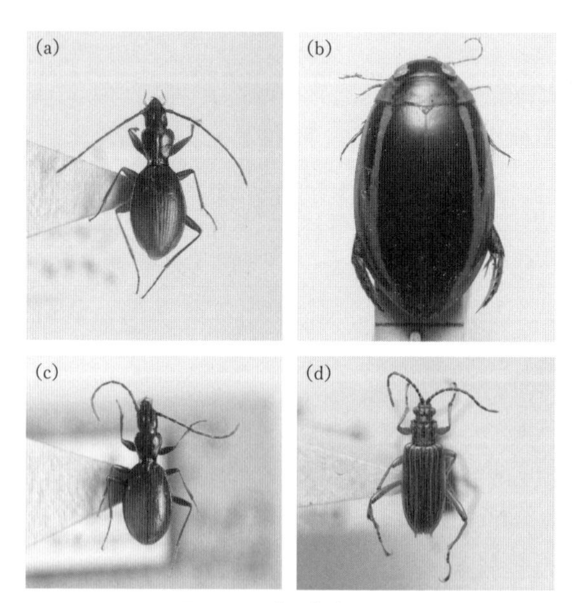

図2.1　日本の絶滅昆虫種
(a) カドタメクラチビゴミムシ（*Ishikawatrechus intermedius*），(b) スジゲンゴロウ（*Prodaticus satoi*），(c) コゾノメクラチビゴミムシ（*Rakantrechus elegans*），(d) キイロネクイハムシ（*Macroplea japana*）．井手竜也氏 撮影．→口絵3

かに減少傾向を示しているものもあり，その要因には人間が関与するさまざまな理由が考えられている（Sánchez-Bayo & Wyckhuys, 2019）．とはいえ，現在乱獲が絶滅危惧に対する主だった要因ではないからといって，将来もその傾向が続くという楽観視はできない．今後，世界規模で見た場合，ある昆虫種を絶滅に至らしめる複合的な要因のひとつとして乱獲が大きく関与してしまう恐れや，地域規模でみた場合，局所的絶滅に資する要因のひとつとなってしまう恐れはある．さらに，他の要因で個体数が著しく減少傾向にある種が，人間による過剰な採集圧によって，絶滅へのとどめをさされてしまう恐れも今現在ですらあり，今後も決して軽視はできない．本章の以下では，簡潔ではあるが，昆虫に限ったことだけではない生物の乱獲一般に関して，その原因や影響について概説した後，その予防策について概説し，最後に日本国内の昆虫が関わる事例もいくつか紹介してみたい．

2.1　乱獲とは

乱獲とは，自然環境下にある野生の生物種を人間が過剰に殺傷する，あるいは捕獲することであり，殺傷や捕獲される生物種の個体数の減少をもたらす活動である．人間の経済的または個人的な利益のために，または食料として得るために乱獲が行われる．世界のいくつかの地域では，人々は様々な理由で野生生物に依存しており，生物種の個体数が自然に増加する速度を超えて，多くの個体を過剰に獲り続けてしまう行為が行われている．また，乱獲による間接的な影響にも注意が必要である．詳しくは後述するが，生態系では多種多様な生物種が相互に関連しているため，ある特定の種のみの個体数が乱獲によって著しく減少することの長期的な影響は，その生物種だけでなく，他の生物種の生存も脅かす可能性がある．さらに違法に行なわれる乱獲であれば，密猟となり，国外への輸送がともなえば密輸の原因ともなる．

一方で，人間による過剰な採集には，生態系のバランスを保つ意味や人々の持続的利用をサポートする意味で，良い効果を生み出す場合もあることにもふれておきたい．生息地環境を劣化させてしまうほど爆発的に個体数を増やしてしまったある生物種を，人為的に捕獲することにより，再びその生物種の個体

図 2.2　バラ科樹木を加害することで知られるクビアカツヤカミキリ（*Aromia bungii*）

数を正常にすることができる場合などは，採集はその種の適度な個体数の制御手段となることもある．特に昆虫に着目してみると，農林地や都市など，自然環境下と比較すれば特異的ともいえる人為的な環境下では，しばしば爆発的に個体数を増やしてしまった昆虫種が確認され，農林業や衛生上の問題になるような害虫として認識される．たとえば，サクラやモモなどのバラ科樹木に寄種する外来のカミキリムシ害虫として知られ，近年日本において分布が拡大しているクビアカツヤカミキリ（*Aromia bungii*；図 2.2，詳細は第５章にて取り上げられている）については，徳島県や栃木県において，地域ぐるみの活動として，採集した個体の持ち込み依頼と買取りを実施し，発生状況の把握と捕殺に市民に協力を求めている．このような事例では，ある特定の生物種を対象とした人間による過剰な捕獲ではあるものの，乱獲とは言い難い．

2.2　乱獲の原因 

既述したように，特定の生物種の捕獲が乱獲となるのは，絶滅を最悪の事象として，その捕獲によって種の個体数が負の影響を受けてしまうときである．そして，ある生物種が，捕獲の対象となり乱獲の対象となるに至るには，さまざまな理由がある．

人間の生存や健康にとって他の生物種を食べる行為が必要不可欠なことは言うまでもない．世界の各地において，カメムシ目，コウチュウ目，チョウ目，ハチ目，バッタ目，ハエ目などのさまざまな昆虫種が食料として捕獲の対象となり（van Huis & Oonincx, 2017），日本においても，クロスズメバチ（*Vespula flaviceps*）をはじめとする蜂の子やイナゴ類の佃煮はよく知られた昆虫食である．太古の昔から人間は常に食料を探し求めてきており，いくつかの考古学上重要な絵画や洞窟壁画においても，食料を探すことへの先史時代の人間の欲求が明示されている．そして現代においても人間は依然として食料を求めており，世界人口の継続的な増加にともなう人々のニーズと相まって，食料確保の行為には乱獲につながる活動も含まれる．さらに近年では，より大きな規模の事業を展開している大企業によって，生物種の過剰な捕獲をともなう経済活動が行われるようになってきている．ただし，食用昆虫が問題として報告されることはほとんどない．

こうした食料として利用される場合を含め，以下に示すいずれの理由においても，乱獲の根本的な原因となるのは，単純に世界中の人間の数が増えることに起因している．人口が増加すると，広範囲にわたり人間が分布するようになるとともに，他の生物への依存が高まり，結果的に捕獲される生物種の個体数

図 2.3　嗜好品のひとつであるオオスズメバチ（*Vespa mandarinia*）が漬けられたお酒（ウィスキー）

が増え，乱獲となってしまう．さらに，こうした世界的な問題として取り上げられる多くの乱獲の対象となる生物種では，哺乳類，鳥類，魚類などの脊椎動物が中心である（Milner-Gulland *et al.*, 2003）．

さらに，食料を除いた商品や製品として，ある生物種が経済的価値の追求の対象となっている場合もある．特定の生物種から抽出された成分の中には，非常に経済的価値の高いものがあり，嗜好品，衣料品，化粧品，装飾品，医薬品などの製品の製造に原材料として用いられている（図 2.3）．毛皮，皮，骨，角，歯などは脊椎動物由来の事例の最たるもので，衣料品や装飾品などの製品の素材として利用されている．加えて，ペットとして愛玩を目的で飼育されたりすることで，経済的に取り引きされる生物種もある．特筆するほど乱獲として問題となっているわけではないが，クワガタムシやカブトムシに代表されるようなコウチュウ目の昆虫種をはじめとして，愛玩の対象となる昆虫種もいる（図 2.4）．

余興やスポーツとしてのハンティングは，目立った昆虫での事例は多くはないものの，世界のさまざまな地域と対象生物種において，乱獲につながる大きな活動のひとつである．脊椎動物が中心であるが，スポーツとして，捕獲した生物の種類に応じて優劣が決まり，場合によっては賞品や賞金さえ授与されることもある．一部の場所では，こうした行為は合法ではある一方で，他の場所では違法となっていることも多々ある．加えて，世界をひろく見渡せば，文化

図 2.4　愛玩目的で飼育されることもあるオオクワガタ（*Dorcus hopei binodulosus*）
→口絵 4

や古くから伝わる伝統により，特定の生物種が捕獲の対象とされることもある．部族や先住民は，それぞれの伝統，儀式，文化的慣習のもと，さまざまな信念を求めて特定の生物種の捕獲を行っており，時として乱獲へとつながってしまう可能性がある．

2.3　乱獲の影響

上述のように，さまざまな原因がともない過剰な捕獲の対象となる生物種が存在する．必ずしも昆虫種がそういった事例にあてはまるわけではないが，以下では乱獲よって引き起こされる影響について概説してみたい．

乱獲による最も明らかな負の影響が生物種の絶滅であることは言うまでもない．ある生物種が絶滅してしまうということは，生物分類の基本的単位である種がこの地球上から一個体もいなくなるということを意味する．地球の長い歴史のなかでみれば，生物種の絶滅は自然状態でも起こっており，地球上の大半の生物種が絶滅したとされる2億5千万年前を含めて，過去に5回ほどの大絶滅期があったとされている．しかしながら，こうした自然状態での絶滅には数万年から数十万年の時間がかかっていたと推測され，現在のように乱獲を含めた人間活動によって引き起こされている生物種の絶滅の速度は，過去とは比較にならないほど早い（宮下，2014）．

乱獲は対象生物種だけでなく，その種が生息していた生態系全体にも影響を及ぼす可能性がある．各生物種は生態系というシステムの中でそれぞれ何らかの役割を担っているが，人間がその仕組みをすべて理解することは不可能である．密接に関わり合ったさまざまな生物種とそれらの相互関係により成り立っている生態系がバランスを崩して，人間の存続そのものが危うくなることすら危惧される．極端な理論的例をあげると，食う食われる関係の種間相互作用があれば，人間による乱獲によってある生物種Aが減少した場合，Aに食われていた生物種Bは一時的に増加するかもしれないが，それによってBに食われる別の生物種Cの著しい個体数の減少を招くかもしれない．

また，乱獲に伴う副次的効果として，間接的に他の野生生物個体群とその生息地へ負の影響を与える場合もある．たとえば森林で乱獲が行われる場合，目的の生物種の採取を目的に，樹木が伐採され林道が作られるような状況が想定される．重機などを用いて，乱獲目的の人間が森林などの自然生態系に侵入することで，そこに生息している生物や環境を劣化させてしまう可能性があることにも留意が必要である．

2.4　乱獲の対策

乱獲への対策としては，第一に，乱獲によって絶滅の危機に瀕している生物種がいることを，多くの人に知ってもらい，社会の関心を高めていくことが重要である．インターネットを通じたソーシャルメディア，マスコミ，各種学校などにおける広報や教育は，こうした啓発の基盤となる．ただし，知らせる情報は，科学的知見あるいは科学的根拠が必要であろう．漠然と乱獲による危険性を述べたとしても，それらに関する多くの情報は，あやふやで不確かなものである場合もある．したがって，情報を受け取る側も，科学的な観点から再現性や普遍性をしっかり確かめた上で，公開されている情報の信頼性を見極める必要がある．

このように広く世間に認知された上で，乱獲を抑制するために最も効果的な方法は，より厳しい法令の施行，特に，生物種の違法な取引や密猟などの活動を禁止することであろう．さらには，生物種の捕獲や取引のみならず，対象種を使用して作られる製品や製造そのものを政策によって規制する必要もある．製品の消費を規制する法令の施行は，時として，乱獲そのものの活動を管理する以上に有効な手段となる場合もある．こうした規制によって，対象とする生物種そのものだけでなく，その生物種が存在する生息地も生態系管理へと拡張・保全できることもあり，より包括的な生物種の保全へとつながり得る．以上のように，法令などの規制が重要であることについては，本章の最後の項目である「おわりに」のなかで，国内の森林と関わる昆虫種における事例をあげつつ強調しておきたい．

また，上記のような組織的な対応だけでなく，個人レベルの活動も乱獲を抑制する手段となり得る．たとえば，違法行為によって得られた生物種そのものをペットとする商品の売り買いに携わらないようにすることも対策のひとつであろう．あるいは生物種そのものの売買を避けることに加え，絶滅危惧種から得られた原材料を加工した製品や部品の販売・購入をボイコットして避けることで，乱獲の問題の解決策に貢献することができる．製品の原材料が不明で，乱獲された生物種由来である可能性が少しでもあれば，わずかな関係であっても売買や取引に関わる必要はないだろう．

さらには，人間と自然の共存や生態系の保存といった目的で設立されている環境保全機関への支援または資金提供も対策手段のひとつとなる．一例をあげると，1948 年に創設され世界規模で絶滅危惧の生物種を対象としてレッドリストを作成している国際自然保護連合（IUCN）がある．IUCN の本部はスイスにあるが，さまざまな国家，政府機関，非政府機関で構成される国際的な自然保護ネットワークである．こうした機関に支援または資金提供することで，問題の改善に間接的であっても大きな貢献ができる．多くの機関のほとんどは，乱獲を含むあらゆる危険から自然および野生生物の環境を保護することに専念しているが，団体の活動資金は，寄付によって賄われていることが多い．

おわりに

森林に依存する昆虫種の中には美麗な種や希少な種も多く，愛好家の採集の対象とされることもある．そのため，時として乱獲が個体数の減少の要因であるとして不安を煽る内容とともに，メディアに大きく取り上げられることがある．しかしながら，これまでも記してきたように，その減少要因について，乱獲の影響の科学的根拠や裏付けはほとんどない場合が多い．

沖縄県北部のヤンバルと呼ばれる森林生態系において，広葉樹の巨木に依存して生育している国内最大のコウチュウ目昆虫，ヤンバルテナガコガネ（*Cheirotonus jambar*）などはその最たる事例かもしれない（図 2.5）．環境省のレッドリストでは絶滅危惧 IB 類（EN）にランクされている本種は 1983 年に発見されたが，1984 年に沖縄県の天然記念物，1985 年に国の天然記念物に指定されたうえ，1996 年には種の保存法により国内希少野生動植物種にも指定され，許可のない採集は禁止された．その直後より，愛好家や業者による乱獲で本種が絶滅の危機にあるという内容の報道がなされた．しかしながら，ヤンバルテ

図 2.5　天然記念物に指定されている国内最大のコウチュウ目昆虫ヤンバルテナガコガネ（*Cheirotonus jambar*）
野村周平氏 撮影．→口絵 5

図 2.6　特定第二種国内希少野生動植物種に指定されているタガメ（*Kirkaldyia deyrolli*）
井手達也氏 撮影．

ナガコガネ発見された1980年代のときには，人為的な原因により，生息地である大径木を有する自然林に近い森林生態系の劣化がすでに進んでいた可能性が高く，乱獲よりもむしろ開発にともなうオーバーユースという要因のほうが，ヤンバルテナガコガネの個体数の減少に関与していた可能性が高いことが示唆されている（藤田，2007）．ただし，今後乱獲がすすめばヤンバルテナガコガネの絶滅への致命傷となる恐れはある．そのため現在，社会的な関心や有志による積極的な保護活動とともに何らかの法的規制がされていることは，有効な抑止力になっていると思われる．

こうした危惧は，ヤンバルテナガコガネよりさらに身近な昆虫種に対しても存在し，規制の対象も拡張されている．森林の林床の落ち葉の下などで冬を越すことが知られる水生昆虫のタガメ（*Kirkaldyia deyrolli*，図 2.6）は，環境省のレッドリストでは絶滅危惧Ⅱ類（VU）にランクされているが，2020年に特定第二種国内希少野生動植物種に指定された（環境省，2020）．これにより，研究目的や趣味での採集や譲渡は規制の対象外だが，店頭やインターネット上での売買，販売目的の捕獲が禁止となった．タガメは国内最大級の水生昆虫として人気があり愛好家も多い．こうした政府の判断は，乱獲が続けばタガメの絶滅の恐れがあるという懸念が高まった結果にほかならない．

特定第二種国内希少野生動植物種には，主に人間が関与する二次的自然生態系に生息する動物種などが指定されており，国内希少野生動植物種のうち，販売や頒布などの目的で捕獲することや譲渡することが規制されている．関連法律の一部改正により2018年に創設され，2020年に複数の生物種が指定された．一方で，特定第一種国内希少野生動植物種とは，2018年に特定国内希少野生動植物種から改正されたもので，国内希少野生動植物種のうち，商業的に個体の繁殖をさせることができて，国際的に協力して種の保存を図ることとされているものを除いた生物種が指定の対象となる．

乱獲は，人間による捕獲という特定の生物種への直接的な活動であるため，その抑制には法の力が有効であることは間違いない．森林昆虫においては，大半の昆虫種の生息個体数が情報不足である上に，現在に限っていえば乱獲が絶滅危惧に対する主だった要因ではないかもしれない．しかしながら，法の整備をすることは，今後起こってしまうかもしれない生物種の絶滅などの取り返しのつかない悪影響を予防するための処置として，効果は大いに期待できる．

引用文献

藤田 宏（2007）21世紀の昆虫採集を考える（4）ヤンバルテナガコガネの25年：絶滅へのカウントダウン．月刊むし，**431**，22–37.

IUCN（2020）*The IUCN Red List of threatened species.*

環境省（2019）環境省レッドリスト2019.

環境省（2020）令和元年度の国内希少野生動植物種の選定について.

川上洋一（2010）絶滅危惧の昆虫辞典．pp. 264，東京堂出版.

Milner-Gulland, E. J., Bennett, E. L. & S. C. B. A. m. W. Meat（2003）Wild meat: the bigger picture. *Trends Ecol. Evol.*, **18**, 351–357.

宮下 直（2014）生物多様性のしくみを解く：第六の大量絶滅期の淵から．pp. 232，工作舎.

Sánchez-Bayo, F. & Wyckhuys, K. A.（2019）Worldwide decline of the entomofauna: A review of its drivers. *Biol. Conserv.*, **232**, 8–27.

van Huis, A. & Oonincx, D. G. A. B.（2017）The environmental sustainability of insects as food and feed. A review. *Agron. Sustain. Dev.*, **37**: 43.

第2部

アンダーユース

第3章 林業活動の低下による影響

大澤正嗣

はじめに

生物多様性の危機と聞いて多くの人が頭に思い浮かべるのは，アマゾンの熱帯雨林の減少，埋め立てによるサンゴ礁の劣化，乱獲によるマグロの減少など，利用，開発，捕獲等による生物多様性の危機，すなわちオーバーユース（over-use）の問題が多いのではないだろうか．ところが，最近，“アンダーユース（underuse）”という言葉が，生物多様性の危機の一つとして注目されている．里地里山での生物多様性の減少や生態系の劣化，希少種保全問題で，この用語をよく見かけるようになった．環境省は，生物多様性の四つの危機の一つである「第2の危機」として，このアンダーユースの問題を取り上げており，“自然に対する人間の働きかけが縮小撤退することによる（生物多様性への）影響”と説明している（環境省，2016）．この報告によれば，「第2の危機」は，1950年代後半から始まり，増大する方向で推移しているとされている．ここでは，この比較的新しい問題である第2の危機（アンダーユース）の中で，“林業活動の低下が，森林昆虫へ与える影響”について，薪炭林およびシイタケ原木生産林といった主に里山にある2次林（里山林）における場合ならびに木材生産ほか多面的機能を主な目的とした人工林における場合について，さらに森林のアンダーユースによる材生息性害虫の蔓延，アンダーユースによる野生獣類の増加がもたらす昆虫多様性の変化について，国内の事例を中心に解説する．なお，農地を含めた里地里山利用の変化がもたらす生態系への影響に

ついては，次章（第4章）を参照して頂きたい．

3.1　薪炭林，シイタケ原木生産林のアンダーユース 

里山にある2次林（薪炭林，シイタケ原木生産林）は昔から地元住民により，薪や炭の生産，シイタケ原木の生産，落葉回収等の場として使われてきた．しかし，エネルギー源の化石燃料への転換等で，薪や炭の使用量は激減した．また，農業の近代化により化学肥料が多用されるようになり，森林から採取された落葉から作られる腐葉土や堆肥の重要性も低下した．そして，利用されなくなった（アンダーユース）里山の薪炭林やシイタケ原木生産林は整備も行われなくなり，そのことがそこに生息する昆虫にさまざまな影響を与えている．

里山の薪炭林やシイタケ原木生産林では，一般的に10年〜30年のサイクルで，伐採，萌芽更新（切り株から出た芽を育て更新させる方法）が行われ，木の地上部は常に若返っていた．萌芽更新時に残された切り株はその一部が腐り，クワガタムシ類，コメツキムシ類，ゾウムシ類等，材生息性昆虫の生息場所や繁殖場所となっていた．また萌芽更新した若い樹幹は柔らかいため傷ついたり，穿孔性害虫の被害を受けやすく，そこから樹液を漏出する．そこがカブトムシ（*Trypoxylus dichotomus* (L)），クワガタムシ類，コメツキムシ類，オオムラサキ（*Sasakia charonda* (Hewitson)）をはじめとしたチョウ類といった子供たちに人気のある昆虫類の採餌場所になっていた（図3.1，図3.2）．特殊な例

図3.1　樹液に集まる昆虫類

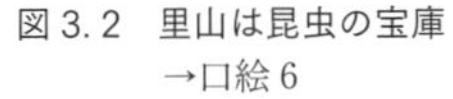

図 3.2　里山は昆虫の宝庫
→口絵 6

図 3.3　オオクワガタの生息する
台場クヌギ　→口絵 7

として，幹を地上 2 メートルほど残して伐採し，高い位置で萌芽更新させたクヌギ（台場クヌギなどと呼ばれる）を中心にした薪炭林やシイタケ原木生産林は，オオクワガタ（*Dorcus hopei binodulosus* Waterhouse）という大型のクワガタムシの生息地となっていた（図 3.3）．また，先に述べたとおり，このような森林は落葉の採取場所でもあり，落葉は腐葉土や堆肥の原料として使用され，農業を支えてきた．これらの腐葉土，堆肥はカブトムシやカナブン類等の生息場所であり，先ほどのクワガタムシ類等と共に里山の昆虫として親しまれてきた．

近年の薪炭林やシイタケ原木生産林では，利用されないまま木が高齢化すること，管理不足から林冠が鬱閉し被圧による枯死枝や枯死木が発生すること，林床に日光が入らなくなり林床植物が減少すること，落葉かきが行われないため林内に落葉が堆積すること等の変化が起こっている．

薪炭林やシイタケ原木生産林で放置された森林と，適切に管理されている森林を比較すると，昆虫の種数は管理されている森林で多いことがオサムシ類やアリ類の調査で明らかになっており，また，両森林の間で種構成に違いが見られることが報告されている（近藤ほか，2012；Yoshimura, 2009）．チョウ類の調査でも放置林よりも萌芽更新を行った若い林のほうが，種数が多いことがわかっている（西中ほか，2010；松本，2014）．これには光条件の影響が大きく（Sanford, 2002），また，撹乱がチョウ類の多様性を高めており（田下，2009），薪炭林の利用が昆虫多様性へのこれらプラス要因を促進することが報告されている（西中ほか，2010）．

このように，適切に管理された薪炭林やシイタケ原木生産林では，昆虫の多様性が高いことが報告されており，また，林齢によって種構成が異なる（Inoue, 2003；松本，2014）ことから，樹齢の異なる小面積の林分から構成される薪炭林等里山林は，昆虫多様性の保全に有効であると考えられている（松本，2014）．

3.2 木材生産を主な目的とした森林（人工林）のアンダーユース

木材の貿易自由化後，安価な外材が市場に入ってきたことにより国産材の利用は減少し，長くその状態が続いている（近年ではやや回復傾向）．また，森林所有者の収入に相当する山元立木価格は，1980年代に下落後回復していない（林野庁，2020）．このようなことから林業活動が低下し，適切な整備が行われていない森林が増加した．戦後の拡大造林期には奥地や急斜面地等アクセスの悪いところまで植林されたが，それらを整備する農山村の過疎化，高齢化も手伝い，そういった森林の整備不足が進行している．そして，整備不足の森林では，枯死材や落葉の放置・堆積，間伐の遅れによる鬱閉が起こり，また木材利用の縮小によって森林の高齢化や伐採跡地の減少などが起こっている．このように森林のアンダーユースが森林環境を変化させており，昆虫類にさまざまな影響を与えている．このアンダーユースは，昆虫の多様性の維持にかならずしも悪い方向に働いているわけではなく，むしろ良い方向と思われる部分も多い．しかし，森林のアンダーユースが昆虫多様性に与える影響についての研究はまだ少なく，その一部が解明されているにすぎない．以下に，林業活動の低下に伴う人工林の高齢化，間伐の遅れと切り捨て間伐，伐採地の減少が昆虫多様性に与える影響について記述する．

3.2.1　人工林の高齢化

森林の施業の一つに，高齢級まで木を育てるという長伐期施業があり，ヒノキやカラマツ等の人工林では，良材や大径材の生産のため，この施業が行われることがある．しかし，日本における現在の森林の高齢化の多くは，先に述べたような森林のアンダーユースにより，伐採が先延ばしになっていることに起因している．また，この高齢化は森林の整備不足も伴い，さまざまな点でそこの昆虫相に影響を与えている．

伐採，植林後，林内には天然生の植物が侵入してくる．日本の場合は，植栽木が主に針葉樹であるのに対し，侵入木は植栽木とは別種でそれも広葉樹であることが多く，森林は侵入木により大きく変化する．林内の天然生侵入木は造林地の初期には風散布種が多いが，やがて動物散布種が増加して来る（Nagaike *et al.*, 2003；Nagaike & Hayashi, 2004）．そして，それら天然生侵入木が森林の高齢化に伴い成長し，低木層から高木層に達する樹種が増え，林内構造が複雑化する．それに伴い，多くの生物の生息環境が作り出され，また多様な食物が提供されるため，生物多様性が高まる（Brokaw & Lent, 1999）．林内の階層構造の発達により，昆虫も影響を受ける（Humphrey *et al.*, 1999）．そして，林齢が昆虫多様性に与える影響については，昆虫のグループによって異なっている（Makino *et al.*, 2007；Taki *et al.*, 2010；Taki *et al.*, 2013）．林冠ではさらに大きな変化が見られる．壮齢人工林では，林床には他の植物が生育するが，林冠はほとんど植栽された樹種のみとなっている．それが，高齢林になると天然生侵入木が林冠に達するようになり，林冠が，樹種的にも構造的にも複雑化し，林冠の昆虫多様性が高まることが知られている（Ohsawa & Shimokawa, 2011）．

高齢林では，大径木の枯死やより規模の小さな枝枯れや部分枯れ等により，林内に枯死材が蓄積される．形態や状態（腐朽段階等）の異なるさまざまな枯死材が存在するようになるが，高齢化に伴い，特に立ち枯れ木の増加が報告されている（Ohsawa, 2008；Nagaike, 2009；Ohsawa & Shimokawa, 2011）．また侵入木の枯死により，枯死材の樹種も豊富になり，こういった枯死材の量的増加や質的変化等が，材生息性の昆虫類にプラスに働くと思われる（Ohsawa,

2008)．特に太い枯死材，立ち枯れ木等ができることにより，それらを好む希少種の保全にも貢献しうる（Bouget & Duelli, 2004)．また，生きた木の内部を腐朽させる腐朽病も林齢と共に増加する（Ohsawa *et al.*, 1994）ことから，それにより倒木（黒田ほか，1994）が発生する．腐朽材からは木材腐朽菌等のキノコが発生するが，菌根菌と同様に，林齢により発生するキノコの種類や量が変化する（Nordén *et al.*, 2001；柴田，2000；Smith *et al.*, 2002；Twieg *et al.*, 2007)．さらに，伐採，収穫時に失われた土壌中の有機物等が森林の高齢化に伴い再び蓄積される（Lindenmayer & Franklin, 2002)．このような変化により林内には新たにさまざまな生活空間や食物が供給され，より多様な昆虫が生息可能になると考えられる．

また，森林が高齢化すると，大径木の病害虫による枯死，腐朽による風倒等により，若い頃は少なかったギャップが林内に見られるようになる．ギャップは森林内をモザイク状にし，生息環境や食物資源の異なった昆虫に生息地を与え，その森林全体としての多様性を高める（図 3.4)．

このように高齢化は林内に侵入してくる樹木を増加させ，林内構造を複雑にし，枯死材，腐朽材を豊富にすることで，林内の菌類，植物，昆虫類等に変化を与える．菌類，植物等の変化はさらに昆虫類に影響を与え，昆虫類の種構成

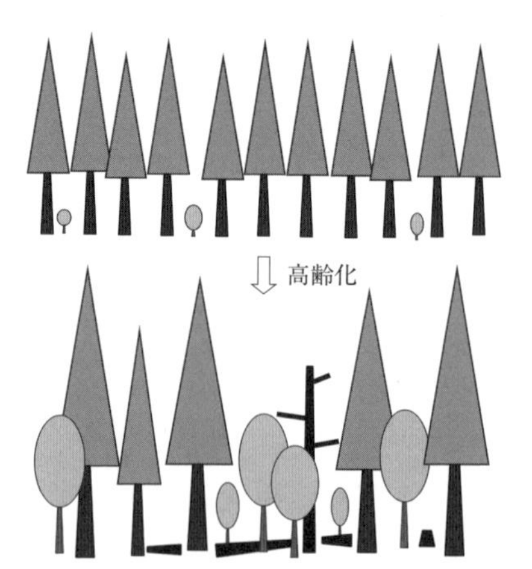

図 3.4　高齢化による人工林の変化

高齢化により枯死木が増加し，そこがギャップとなり天然侵入木が増加する．やがて天然侵入木が林冠に達し，林冠が多様化する．

が変化する．森林が高齢化すると，その地域に在来の昆虫種が増加し，また材生息性の昆虫が増加することが特徴として挙げられる（Ohsawa & Shimokawa, 2011）．このため，高齢化は一般的に昆虫を含めた生物多様性にプラスになると考えられている（Lindenmayer & Franklin, 2002）．日本では，戦前，戦後に多くの原生林が伐採されたことにより高齢な森林が減少し，そこを生息場所にしていた生物が減少した．今後，人工林の高齢化が進み，さらに生物多様性に配慮した長伐期施業が行われれば，林内の生物多様性も，原生林の生物多様性に多少なりとも近づくことが期待される．

3.2.2　間伐の遅れと切り捨て間伐

人工林のアンダーユースにより森林整備に遅れが見られるが，中でも間伐が遅れている高密度森林の存在が問題となっている（宮本，2015）．間伐は，植栽木間の距離を適切に保ち，相互に被圧しあうことを防ぎ，木の成長を促す．この間伐を行うと昆虫の多様性が一時的に高まることが報告されている（Hartley, 2002）．この要因として，下層植生の多様性の増大，間伐時に起こる林内の撹乱，枝や幹等の残滓の増加が挙げられている（Ohsawa, 2004；Taki *et al.*, 2010）．害虫の発生も影響を受け，害虫の種類によって被害の増減が起こることも調査されている（佐藤，2007）．高密度森林では，林冠が鬱閉し，林床に光が届かず暗くなり，これが昆虫類の生息に影響を与える（Greatorex-Davies *et al.*, 1993；阿部，2006；西中ほか，2010）．

また，間伐は森林の下層植生を発達させる（Balley & Tappeiner, 1998）．この下層植生は，土壌流出を防止し，水源涵養機能を向上させる（古池，1985；Miura *et al.*, 2003；平岡ほか，2010）．間伐が遅れると，林床に生育する植物が減少し，林相は植栽木のみの単純なものになり（図3.5），下層植生に依存していた昆虫類が減少する．また植生で覆われていない林内土壌では粗孔隙率の上昇や皮膜の形成が観察されている（湯川・恩田，1995）．さらに土壌の表層は雨で流出しやすくなり，浸食を受ける（服部ほか，1992；Miura *et al.*, 2003）．一方，林床に供給される落葉は植栽樹種のもので占められ単純化する．これらの変化は土壌生息性の昆虫類の生息状況にも影響を与えると思われる．

図3.5　間伐が遅れたヒノキ林
下層植生が見られない．　→口絵8

また，高密度森林では，植栽木のうち競争に敗れた木が枯死し，枯死木が林内に供給される．このことは，枯死立木に好んで生育する昆虫類にとってはプラスの要因になる．また，高密度森林は過度の競争のため，植栽木は太さの割に高く（形状比が大きく）なり，また重心が高く（樹冠長率が小さく）なり風や雪の被害を受けやすくなる（川名ほか，1992）．このため異常気象時に幹折れや風倒が大量に発生する可能性が高まり，そのような被害が発生するとそこに大きなギャップができたり，大量の枯死木が供給されるなどし，昆虫相にも大きな変化が起こることが想定される．

一方，材価が低迷すると，間伐を行っても間伐時に伐採した木を森林から引き出し利用することが困難になり，間伐材を林内に放置する“切り捨て間伐”が行われるようになる．切り捨て間伐は，林内に大量の新しい枯死木を生じさせる．このため新しい枯死木を好む昆虫類，たとえばキクイムシ類，キバチ類，カミキリムシ類等が増殖する．新しい枯死木に生息する昆虫類の中には，衰弱木を食害し，枯死させるものがおり，2次害虫と呼ばれている．2次害虫は大発生すると健全木をも攻撃し，大きな被害を出すことが知られている．

カラマツヤツバキクイムシ（*Ips cembrae*（Heer））は，不適切な時期にカラマツ林内に，間伐により発生した生丸太を放置するとそこで大発生し，周囲の健全木を攻撃し枯死させることがある（篠原，1976；小川・田中，1977；武下・村上，1982）．また，キバチ類はやはり切り捨て間伐を行うと，放置され

図 3.6　スギ，ヒノキ林の間伐にて，伐採断面に現れたキバチ類によってもたらされた変色被害

た間伐木で増殖し，それらが立木に産卵することにより，立木の材内へ変色被害が広がることが知られている（佐野，1992；福田・前藤，2001；図 3.6）.

3.2.3　伐採地の減少

森林，特に人工林は木材生産が目的の一つとして植林される場合が多く，人間の経済活動のため伐採が行われる．中でも木が全て伐採される皆伐の後は，光が地面まで届くようになり，草本類が繁茂する．そこは，しばらくの間，草地と同様な状況となるため，草地に生息する生物の一時的な生息場所になる可能性がある（Kobayashi *et al.*, 2010；Yamaura *et al.*, 2012）．伐採跡地は，その後，植林された場合でも放置された場合でもやがて森林へ戻って行く．その過程で，伐採跡地に生息している昆虫は徐々に減少し，森林に生息する種に置き換わる．このことはチョウ類でよく調べられており（Inoue, 2003；井上，2007；Kobayashi *et al.*, 2010），その他の昆虫でも認められている（Makino *et al.*, 2006；Makino *et al.*, 2007；Maleque *et al.*, 2010）.

草地は以前，萱場，草刈り場あるいは放牧地として使用されており，そのため刈り取りや火入れが行われ，維持されてきた．近年，草地はその役割を失い，植林あるいは管埋放棄後の植物遷移により森林化し，または開発により，その面積は大幅に縮小している（小路，2003；環境庁，1999；Yamaura *et al.*, 2019）．草地に生息する種には森林では生息できないものが多く，そのような種は草地の減少に伴い生息地を失い，厳しい状況に置かれている（井上，2007）．これは草地の管理不足により森林が発達する，あるいは利用価値の無くなった草地を他の目的のために開発するといった草地のアンダーユースの問題である．しかし，もともとこういった草原種の多くは，崩壊地，河川の氾濫原，山火事跡，雪崩跡地等に発達する草原が生息場所だと思われる．人間の土砂流出防備活動（砂防ダムの建設等）による森林等の撹乱の減少，山火事の防止や消火活動等による森林消失の減少，ダム，河川護岸工事後の氾濫原の利用（田畑，住居地，工場敷地等）は，草地を減少させ，草原種の減少をもたらした（井上，2005）．

このようなことから，人工林の皆伐跡地や幼齢林は，生息場所の減少に苦しむ草原種の「逃避地」として働いており（井上，2007；Kobayashi *et al.*, 2010；Yamaura *et al.*, 2012），森林のアンダーユースによる皆伐地の減少は，草原種をますます減少させるであろうことが予想される．また，近年の伐採では，一部の立木のみ伐採，収穫する“択伐”が増加している．択伐では皆伐とは異なり，林地が一時的にも草地の状態にはならないため，伐採方法の変化も草原種には不利に働いている．このように，草地のアンダーユース問題（草地の減少）および森林のアンダーユース問題（伐採跡地の減少）が関係しあい，草原種には厳しい状況となっている．

3.3　森林のアンダーユースによる材生息性害虫の蔓延

3.3.1　枯死材の増加と材生息性害虫による被害

上述したように，林内の枯死材や腐朽材は，生物多様性に重要なものであり（Ohlson *et al.*, 1997；McComb & Lindenmayer, 1999），昆虫類の多様性に影響を与える（Martikainen *et al.*, 2000；Ohsawa, 2008）．よく整備された人工林では，複数回行われる間伐により，被圧による木の枯死が減少し，また木材部分は森林外に持ち出され利用されるため，枯死材や腐朽材が極端に減少する（Green & Peterken, 1997；Kirby *et al.*, 1998；Fridman & Walheim, 2000）．このためヨーロッパでは生物多様性保全を目的として，枯死木を作り出す作業が行われている国もある（Lindbladh *et al.*, 2007）.

しかし，森林のアンダーユースにより，間伐の遅れた高密度森林や放置された薪炭林等の里山林では，林内が鬱閉し，被圧による枯死枝や枯死木，冠雪害や風倒害による枯死木が発生しやすくなる．また，間伐が行われたとしても，切り捨て間伐の場合は，枯死木が林内に大量に発生する．さらにアンダーユースにより，これらの枯死木は，使われることなく放置され，そこで材生息性の昆虫が増殖し，害虫化する恐れがある．なかでもマツ材線虫病（松くい虫）やブナ科樹木萎凋病（ナラ枯れ）は，それぞれ，森林昆虫であるマツノマダラカミキリ（*Monochamus alternatus* Hope），カシノナガキクイムシ（*Platypus quercivorus* Murayama）が，病原線虫や病原菌を伝播することにより，森林に大きな被害を引き起こしている．以下にこれらの問題について解説するが，両森林病害の蔓延には，アンダーユース以外の要因も関与しており，これらを含めた被害拡大に関する詳細については，複合的な影響を記述した終章を参照して頂きたい．

3.3.2　マツ材線虫病（松くい虫）

日本では松くい虫被害により，マツの枯死が続いている．暖温帯のマツ林の多くは消失し，懸命に防除を継続しているマツ林のみとなっている．松くい虫はさらに冷温帯へと進み，現在，800m 以上の高標高地域や東北地方等北部でも被害が発生している．松くい虫の元凶はマツノザイセンチュウ（*Bursaphelenchus xylophilus*（Steiner & Buhrer）Nickle）であり，マツノマダラカミキリが媒介する（清原・徳重，1971；森本・岩崎，1971）．日本にはもともとマツノザイセンチュウがいなかったため，日本のマツはマツノザイセンチュウへの抵抗性が低く，甚大な被害が出ているとされている．北米のマツはこのマツノザイセンチュウに抵抗性が高く，枝枯れ等は出るものの，日本のマツのような甚大な被害は起こらない．マツノザイセンチュウの発見もアメリカの方がずっと古く，本センチュウは北米からもたらされたと考えられている（真宮，2002）．

日本で松くい虫の発生が確認できる最も古い文献は，矢野による 1905 年の報告とされ，その後も九州，瀬戸内海地方で単木的または小集団で発生したが局地的だった（山根，1982）．マツノザイセンチュウの媒介昆虫であるマツノマダラカミキリは松くい虫で枯れたばかりのマツに産卵し，幼虫は枯死木内部で生長し，やがて成虫となり脱出する．マツ材が薪等で使われている時は，マツが枯れればすぐに薪として使用されるので，松くい虫の拡大はかなり制限されていたと推測される．ところが，新しいエネルギー（石油，ガス，電気等）により薪が使用されなくなると，マツ林に松くい虫で枯れたマツが放置されるようになった．その放置されたマツ枯木からマツノマダラカミキリが大量に発生し，松くい虫被害が急速に拡大してしまうため，これらを高い費用かけて防除しなければならなくなった．

一方，マツ林自体が整備不足となり，適切な間伐等が行われなくなると，林内には被圧されたマツが多数存在するようになり，それらが，毎年少しずつ枯れてゆく（岸，1988）．そしてそれらの枯死木がマツノマダラカミキリの生息場所になり，防除の効果を低下させてしまう．また，管理不足のマツ林で発生する自然枯死木は松くい虫による集団枯損の先駆けとなることが知られ（岸，1980），被害発生地でもこのような枯死木の除去で被害率は低下することが報告されている（岸・西口，1978）．このようにマツ林内の枯死木が利用されないこと，またマツ林の適正な整備が行われないこと等が，松くい虫の拡大を助長させている．

そしてその根本的な原因は，マツ材の価値の低下にある．マツ材の価値が低いため，森林所有者のマツへの関心が薄れ，マツ林は整備不足となる．また，マツが松くい虫で枯れても放置され，防除は自治体頼みとなっているケースが多い．マツ林の価値が下がり，人々の関心も低くなれば，財政難の中で松くい虫防除予算も削減される方向となってしまう．防除が行き届かないマツ林からマツノマダラカミキリが発生し，それが防除を行っているマツ林へと移動することにより，そこの防除効果を下げてしまい，松くい虫が抑えられない原因の一つになっている．

さらに，農山村の人口減少や高齢化は，松くい虫防除に必要な労働力を減少させ，また，被害木の発見を難しくしている．人が山へ行かなくなることから，林内への入り口や林内の歩道が消え去り，林道も痛み，松くい虫防除をいっそう困難にしている．

これらのことは皆，森林のアンダーユースと密接に関係しており，このアンダーユースがさまざまな方面から松くい虫の防除を困難にしている．

3.3.3　ブナ科樹木萎凋病（ナラ枯れ）

現在日本では，ナラ枯れと呼ばれるナラ類の集団枯損，すなわちブナ科樹木萎凋病が大きな被害を出している．これはカシノナガキクイムシが媒介するナラ菌（*Raffaelea quercivora* Kubono et Shin-Ito）により引き起こされる病気で，ナラ・カシ類，シイ類が比較的短期間で枯死する（Kubono & Ito, 2002）．カシノナガキクイムシは木に穿孔し次世代を育てるが，その時に病原菌を樹体内に持ち込む．多くのカシノナガキクイムシにより穿孔されるとその穴から周囲へ広がった病原菌が穴周囲の組織を殺すため，やがて木が枯死してしまう．通常，少数のカシノナガキクイムシの穿孔では木を枯らすことはないが，本害虫が大量に発生し，木への集中攻撃（多数の穿孔）が起こると枯死被害が発生する．そして，枯死木が出ると，その枯死木でカシノナガキクイムシは繁殖し，そこから次世代が大量に発生するので，被害が拡大することになる（衣浦，2008）．

この病気は江戸時代から発生していた可能性があり（井田・高橋，2010），1930年代には被害が認められているが（高畑，2008），以前は枯死木が薪としてすぐに利用されていたので，枯死木中のカシノナガキクイムシは発生（脱出）前に死滅し，被害が拡大しなかったと考えられている（黒田，2009）．しかし，エネルギー革命により，薪や炭の利用が激減すると多くのナラ林が放置されるようになり，枯死木が利用されず，害虫の増加，被害の拡大に歯止めがかからなくなった．また，この害虫は高齢のナラ類等を攻撃する傾向があることが知られている（斉藤，1959；布川，1993）．薪炭林やシイタケ原木生産林として利用されなくなったナラ林では，木が高齢化し，ナラ枯れ被害を受けやすくなっている．

このように森林のアンダーユースが枯死木の放置とナラ林等の高齢化を許し，それによりナラ枯れ被害が拡大している可能性が高い（高畑，2008；斉藤・野崎，2008）．

3.4 森林のアンダーユースによる野生獣類の増加とそれに伴う昆虫多様性の変化

高度成長期には生息地の改変や狩猟により，野生獣類は減少していたが，近年では，狩猟人口の高齢化や減少等により，大型野生動物が増加している．なかでもニホンジカ（*Cervus nippon* Temminck）は日本各地で増加し，森林に大きな被害を出している（植生学会企画委員会，2011）．薪の採取，炭焼き，落葉かき等の作業がなくなり，人間が森林に入る機会が減少した（アンダーユース）ことも一因となり，野生獣類が人間の集落のすぐ近くの里地里山，あるいは集落内にまで侵入するようになった．

ニホンジカはその旺盛な食欲で，森林下層植生を衰退させ，樹皮採食（樹皮剝ぎ）により成木をも枯死させる．このため，森林生態系自体が変化することも多い（Akashi *et al.*, 1999）．健全な森林生態系では，生物間相互作用のネットワークが正常に機能しているが，ニホンジカにより強い採食圧を受けると，この相互作用が崩れ，昆虫多様性もその影響を受ける（柴田，2008）．

ニホンジカの糞を食糧とする昆虫類は，ニホンジカ増加の直接的あるいは間接的な影響を受けて種数や個体数が変化する（Putman *et al.*, 1989；佐藤，2008）．一方，植食性昆虫は，ニホンジカの採食による植物等の増減（多くの場合は減少となるが，不嗜好性植物では増加となる場合もある）により間接的に影響を受ける（Brousseau, *et al.*, 2013；Takagi, & Miyashita, 2014；Nakahama *et al.*, 2016）．訪花性昆虫も，ニホンジカ食害により花が減ったため，大きな影響を受けている（Nakahama *et al.*, 2020）．さらに，ニホンジカの採食の間接的な影響として，シカの植物採食により植生上のクモが減少し，それが土壌由来の飛翔性昆虫類を増加させること（宮下，2008），またニホンジカの採食がタマバチのゴールを小さくし，それが寄生峰2種の寄生率に影響していること（上田ほか，2008）が報告されている．

一方，ニホンジカによる環境の変化が動物群集を変化させることも知られている．シカの高密度化により，森林土壌，特に A_0 層（土壌最表面の粗腐植からなる層）の硬化および孔隙度の低下が起こるが，それにより土壌動物群集が変化することが示されている（敦見ほか，2015）．また，シカによるササの現存量の減少がオサムシ類の群集構造を変化させることが報告されている（上田ほか，2009）．

このように，森林のアンダーユース（狩猟の縮小を含む）がニホンジカ等の野生獣類を増加させ，昆虫類に負（種によっては正）の影響を与え，昆虫多様性を変化させている．

おわりに

世界では，アフリカや南アメリカを中心に森林が減少し続けており（FAO, 2020），オーバーユースが依然大きな問題となっている．日本では，森林のオーバーユースの進行は，原生的な森林生態系の保全等の問題はあるものの，高度経済成長期やバブル期と比べ低下してきている一方で，今度はアンダーユースという新たな問題が注目されている．人口の減少と高齢化，農山村の衰退，生活様式の変化等により，山沿いを中心に昔切り開かれた農地が，放棄されたり植林されて森林に戻りつつある．薪炭林やシイタケ原木生産林も放置され，人工林では高齢化が進み，森林がアンダーユースを受けて勢いを増しているように見える．しかし，このような里山林の放置，人工林整備の遅れ等，森林利用の縮小は，そこに住む昆虫類に影響を与え，今まで身近に見られた昆虫が減少してしまう現象にもつながっている．一方，整備や利用が不十分な人工林や里山林では，害虫が大発生する温床となっているケースも認められる．しかし，アンダーユースはまだ認知されて間もない新しい問題で，昆虫に関する調査や研究は少なく，その一部が明らかにされているにすぎない．今後，アンダーユースも含めた生物保全研究の進展に期待したい．

薪炭林等の里山林では，利用や管理が放棄され，これまで長年続いてきた人間と自然の重要な接点の一つが失われつつある．里山林は子供でも安心して行ける自然の豊かな場所であり，そこは，遊びや仕事を通して自然と触れ合う場所だった．子供の頃によく見かけた植物，捕まえて遊んだ赤とんぼ，チョウ，クワガタムシ，あるいは季節と共に鳴き声を聞いたセミ，コオロギ等との触れ合いが，自然の理解や自然への共感を育てる役割を果たしていたのではないだろうか．このように人々が簡単にアクセスできる，あるいは生活の一部とも言える森林がアンダーユースにより身近ではなくなることが，今後の社会にどのような影響を与えるのか，社会科学的なアプローチも重要なテーマと思われる．

森づくりには100年の計が必要といわれている．日本では，戦後の森林のオーバーユースの後，外材の輸入，木材価格の低迷等で，林業にとって長期にわたり厳しい状況が続き，森林はアンダーユースとなってきた．そこで，近年，林野庁では森林のアンダーユースを解消するため，森林経営管理制度（手入れの行き届いていない森林について，市町村が森林所有者から経営管理の委託を受け，林業経営に適した森林は地域の林業経営者に再委託するとともに，林業経営に適さない森林は市町村が公的に管理する）を新たに導入し，間伐遅れ林の解消，再造林の促進，針広混交林等への誘導等を行うこと，また環境税を創設し森林整備に必要な財源を確保することとしている（林野庁，2020）．一方，ごく最近では日本の木材需要は木質バイオマスとしての燃料材の増加等により回復傾向にあり，木材自給率の上昇など，林業の活力回復の兆しとも思える状況が見られている（林野庁，2020）．世界の木材需要は増加しており，今後日本の森林・林業が，木材の輸出入等も含め，長期的にどのような状況に向かうのか予測が難しくなっている．いずれにしてもその時々の経済活動に振り回されすぎることなく，森林が昆虫類の多様性保全を含めた多面的機能を十分に，そして持続的に発揮できるよう適切に管理していく必要があるだろう．

引用文献

阿部晃久（2006）針葉樹人工植林地において間伐の有無が林床性アリ類の種構成に与える影響．矢作川研究，**10**，105–108.

Akashi, N. & Nakashizuka, T. (1999) Effects of bark-stripping by Sika deer (*Cervus nippon*) on population dynamics of a mixed forest in Japan. *Forest Ecol. Manag.*, **113**, 75–82.

Balley, J. D. & Tappeiner, J. C. (1998) Effects of thinning on structural development in 40-to 100-year-old Douglas-fir stands in western Oregon. *Forest Ecol. Manag.*, **108**, 99–113.

Bouget, C. & Duelli, P. (2004) The effects of windthrow on forest insect communities: a literature review. *Biol. Conserv.*, **118**, 281–299.

Brokaw, N. V. L. & Lent, R. A. (1999) Vertical structure. In: *Maintaining Biodiversity in Forest Ecosystems* (ed. Hunter, M. L. Jr.), pp. 373–395, Cambridge University Press.

Brousseau, P.-M. & Hébert, C. *et al.* (2013) Short-term effects of reduced white-tailed deer density on insect communities in a strongly overbrowsed boreal forest ecosystem. *Biodivers. Conserv.*, **22**, 77–92.

FAO (2020) Global Forest Resources Assessment 2020-Key findings. Rome. https://doi.org/10.4060/ca8753en.

Fridman, J. & Walheim, M. (2000) Amount, structure, and dynamics of dead wood on managed forestland in Sweden. *Forest Ecol. Manag.*, **131**, 23–36.

福田秀志・前藤 薫（2001）スギ・ヒノキの材変色被害に関与するキバチ類とその共生菌：防除技術の構築を目指して．日林誌，**83**，161–168.

古池末之（1985）保育作業が立地要因の変動に及ぼす影響（Ⅰ）ヒノキ人工林の枝打ち，間伐による土壌．植生の変化と表層土壌の流去および地表流去水の動態．兵庫林試研報，**30**，41–52.

Greatorex-Davies, J. N., Sparks, T. H. *et al.* (1993) The influence of shade on butterflies in rides of coniferised lowland woods in Southern England and implications for conservation management. *Biol. Conserv.*, **63**, 31–41.

Green, P. & Peterken, G. F. (1997) Variation in the amount of dead wood in the woodlands of the Lower Wye Valley, UK in relation to the intensity of management. *Forest Ecol Manag.*, **98**, 229–238.

Hartley M. J. (2002) Rationale and methods for conserving biodiversity in plantation forests. *Forest Ecol. Manag.*, **155**, 81–95.

服部重昭・阿部敏夫 ほか（1992）林床被覆がヒノキ人工林の浸食防止に及ぼす影響．森林総研研報，**362**，1–34.

平岡真合乃・恩田裕一 ほか（2010）ヒノキ人工林における浸透能に対する下層植生の影響．日林誌，**92**，145–150.

Humphrey, J. W., Hawes, C. *et al.* (1999) Relationships between insect diversity and habitat characteristics in plantation forests. *Forest Ecol. Manag.*, **113**, 11–21.

井田秀行・高橋 勤（2010）ナラ枯れは江戸時代にも発生していた．日林誌，**92**，115–119.

Inoue, T. (2003) Chronosequential change in a butterfly community after clear-cutting of deciduous forests in a cool temperate region of central Japan. *Entomol. Sci.*, **6**, 151–163.

井上大成（2005）日本のチョウ類の衰亡理由．昆蟲．ニューシリーズ，**8**，43–64.

井上大成（2007）草地・森林の変遷とチョウ類の保全．日草誌，**53**，40–46.

川名 明・片岡寛純 ほか（1992）造林学 三訂版．pp. 200，朝倉書店．

環境庁（1999）第 5 回自然環境保全基礎調査 植生調査報告書．環境庁自然保護局．

環境省 生物多様性及び生態系サービスの総合評価に関する検討会（2016）生物多様性及び生態系サービスの総合評価報告書．https://www.env.go.jp/nature/biodic/jbo2/pamph01_full.pdf

環境省（2016）生物多様性国家戦略 2012–2020：豊かな自然共生社会の実現に向けたロードマップ．https://www.biodic.go.jp/biodiversity/about/initiatives/files/2012-2020/01_honbun.pdf

岸 洋一（1980）茨城県におけるマツノザイセンチュウによるマツ枯損と防除に関する研究．茨城林試研報，**11**，1–83.

岸 洋一（1988）マツ材線虫病——松くい虫——精説．pp. 292，トーマス・カンパニー．

岸 洋一・西口親雄（1978）激害型マツクイムシ被害をひきおこす一つの重要な原因：被害林放置．林業技術，**431**，2–6.

衣浦晴生（2008）第３章 病原菌の媒介甲虫カシノナガキクイムシ．林業改良普及双書 No. 157 ナラ枯れと里山の健康（黒田慶子 編著），pp. 45–66，全国林業改良普及協会．

Kirby, K. J., Reid, C. M. *et al.* (1998) Preliminary estimates of fallen dead wood and standing dead trees in managed and unmanaged forests in Britain. *J. Appl. Ecol.*, **35**, 148–155.

清原友也・徳重陽山（1971）マツ生立木に対する線虫 *Bursaphelenchus* sp. の接種試験．日林誌，**53**, 210–218.

Kobayashi, T., Kitahara, M. *et al.* (2010) Relationships between the age of northern Kantou plain (central Japan) coppice woods used for production of Japanese forest mushroom logs and butterfly assemblage structure. *Biodivers. Conserv.*, **19**, 2147–2166.

近藤慶一・松本和馬 ほか（2012）皆伐萌芽更新による薪炭林施業がもたらすオサムシ科甲虫（Coleoptera: Carabidae）の種多様性．環動昆，**23**，127–141.

Kubono, T. & Ito, S. (2002) *Ruffaelea quercivora* sp. nov. associated with mass mortality of Japanese oak, and the ambrosia beetle (*Platyppus quercivorus*). *Mycoscience*, **43**, 255–260.

黒田慶子（2009）ナラ枯れ増加から見えてきた「望ましい里山管理」の方向：枯れる前に資源として使う．森林技術，**809**，2–7.

黒田吉雄・大澤正嗣 ほか（1994）カラマツ人工林内の根株心腐病による幹折れ被害．日林誌，**76**, 157–159.

Lindbladh, M., Abrahamsson, M. *et al.* (2007) Saprozylic beetles in artificially created high-stumps of spruce and birch within and outside hotspot areas. *Biodivers Conserv.*, **16**, 3213–3226.

Lindenmayer, D. B. & Franklin, J. F. (2002) *Conserving Forest Biodiversity: a comprehensive multi-scaled approach.* pp. 351, Island press.

Makino, S., Goto, T. *et al.* (2006) The monitoring of insects to maintain biodiversity in Ogawa Forest Reserve. *Environ. Monit. Assess.*, **120**, 477–485.

Makino, S., Goto, H. *et al.* (2007) Degradation of longicorn beetle (Coleoptera, Cerambycidae, Disteniidae) fauna caused by conversion from broad-leaved to man-made conifer stands of *Cryptomeria japonica* (Taxodiaceae) in central Japan. *Ecol. Res.*, **22**, 372–381.

Maleque, M. D. A., Maeto, K. *et al.* (2010) A chronosequence of understorey parasitic wasp assemblages in secondary broad-leaved forests in a Japanese 'satoyama' landscape. *Insect Conserv. Diver.*, **3**, 143–151.

真宮靖治（2002）世界におけるマツノザイセンチュウおよびその近似種の分布とマツ類の被害，森林をまもる：森林防疫研究 50 年の成果と今後の展望（全国森林病虫獣害防除協会 編）．pp. 3–11，全国森林病虫獣害防除協会．

Martikainen, P., Shiitonen, J. *et al.* (2000) Species richness of Coleoptera in mature managed and old-growth boreal forests in southern Finland. *Biol. Conserv.*, **94**, 199–209.

松本和馬（2014）短伐期施業で管理されるコナラ・クヌギ林のチョウ類群集．環動昆，**25**，55–66.

McComb, W. & Lindenmayer, D. (1999) Dying, dead, and down trees. In: *Maintaining Biodiversity in Forest Ecosystems* (ed. Hunter, M. L. Jr.), pp. 335–372, Cambridge University Press.

Miura, S., Yoshinaga, S. *et al.* (2003) Protective effect of floor cover against soil erosion of steep slopes forested with *Chamaecyparis obtuse* (hinoki) and other species. *J. For. Res.*, **8**, 27–35.

宮本和樹（2015）人工林の高齢級化と向き合う前に．日林誌，**97**，169–170.

宮下 直（2008）生態系の相互作用連鎖を解き明かすシカとクモの間接的関係．日林誌，**90**，321–326.

森本 桂・岩崎 厚（1971）マツノマダラカミキリによるマツノザイセンチュウの伝播．日林九支研論，**25**，165–166.

Nagaike, T., Hayashi, A. *et al.* (2003) Differences in plant species diversity in *Larix kaempferi* plantations of different ages in central Japan. *Forest Ecol. Manag.*, **183**, 177–193.

Nagaike, T., Hayashi, A. (2004) Effects of extending rotate period on plant species diversity in *Larix kaempferi* plantations in central Japan. *Ann. For. Sci.*, **61**, 197–202.

Nagaike, T. (2009) Snag abundance and species composition in a managed forest landscape in central Japan composed of *Larix kaempferi* plantations and secondary broadleaf forests. *Silva Fennica*, **43**, 755–766.

Nakahama, N., Uchida, K. *et al.* (2020) Construction of deer fences restores the diversity of butterflies and bumblebees as well as flowering plants in semi-natural grassland. *Biodivers. Conserv.*, **29**, 2201–2215.

Nakahama, N., Yamasaki, M. *et al.* (2016) Mass emergence of a specialist sawfly species on unpalatable herbs under severe feeding pressure by sika deer. *Entomol. Sci.*, **19**, 268–274.

西中康明・松本和馬 ほか（2010）伝統的施業により維持されている薪炭林におけるチョウ類群集の構造と種多様性．蝶と蛾，**61**，176–190.

Nordén, B. & Paltto, H. (2001) Wood-decay fungi in hazel wood: species richness correlated to stand age and dead wood features. *Biol. Conserv.*, **101**, 1–8.

布川耕市（1993）新潟県におけるカシノナガキクイムシの被害とその分布について．森林防疫，**42**，210–213.

小川 隆・田中和靖（1977）伐採後のカラマツヤツバキクイムシの発生消長．森林防疫，**26**，39–42.

Ohlson, M., Söderström, L. *et al.* (1997) Habitat qualities versus long-term continuity as determinants of biodiversity in boreal old-growth swamp forests. *Biol. Conserv.*, **81**, 221–231.

Ohsawa, M. (2004) Species richness of Cerambycidae in larch plantations and natural broad-leaved forests of the central mountainous region of Japan. *Forest Ecol. Manag.*, **189**, 375–385.

Ohsawa, M. (2008) Different effects of coarse woody material on the species diversity of three saproxylic beetle families (Cerambycidae, Melandryidae, and Curculionidae). *Ecol. Res.*, **23**, 11–20.

Ohsawa, M., Kuroda, Y. *et al.* (1994) Heart-rot in old-aged larch forests (1) State of damage caused by butt-rot and stand conditions of Japanese larch forests at the foot of Mt. Fuji. *J. Jpn. For. Soc.*, **76**, 24–29.

Ohsawa, M. & Shimokawa, T. (2011) Extending the rotation period in larch plantations increases canopy heterogeneity and promotes species richness and abundance of native beetles: Implications for the conservation of biodiversity. *Biol. Conserv.*, **144**, 3106–3116.

Putman, R. J., Edwards, P. J. *et al.* (1989) Vegetational and faunal changes in an area of heavily grazed woodland following relief of grazing. *Biol. Conserv.*, **47**, 13–32.

林野庁（2020）令和２年度版森林・林業白書，全国林業改良普及協会.

斉藤正一・野崎 愛（2008）第６章 ナラ枯れ被害の把握と対策の進め方．林業改良普及双書 No. 157 ナラ枯れと里山の健康（黒田慶子 編著），pp109–133，全国林業改良普及協会．
斉藤孝蔵（1959）カシノナガキクイムシの大発生について．森林防疫ニュース，**8**，101–102.
Sanford, M. P. (2002) Effects of successional old fields on butterfly richness and abundance in agricultural landscapes. *Gt. Lakes Ent.*, **35**, 193–207.
佐野 明（1992）ニホンキバチ．林業と薬剤，**122**，1–8.
佐藤宏明（2008）奈良県大台ケ原においてニホンジカの増加がもたらした糞虫群集の多様性の低下．日林誌，**90**，315–320.
佐藤重穂（2007）スギ・ヒノキ人工林における間伐の実施と病虫害発生の関連性．森林総研研報，**6**，135–143.
柴田叡弌（2008）ニホンジカによる被害は森林での生物間交互作用を明らかにする．日林誌，**90**，313–314.
柴田 尚（2000）本州中部の亜高山帯針葉樹林のきのこ．森林科学，**30**，8–13.
篠原 均（1976）カラマツ徐間伐とカラマツヤツバキクイの繁殖について．北方林業，**29**，152–154.
植生学会企画委員会（2011）ニホンジカによる日本の植生への影響—シカ影響アンケート調査（2009–2010）結果．植生情報，**15**，9–30.
小路 敦（2003）野草地保全に向けた景観生態学的取り組み．日本草地学会誌，**48**，557–563.
Smith, J. E., Molina, R. *et al.* (2002) Species richness, abundance, and composition of hypogeous and epigeous ectomycorrhizal fungal sporocarps in young, rotation-age, and old-growth stands of Douglas-fir (*Pseudotsuga menziesii*) in the Cascade Range of Oregon, U.S.A. *Can. J. Bot.*, **80**, 186–204.
高畑義啓（2008）第２章 ナラ枯れとは何か．林業改良普及双書 No. 157 ナラ枯れと里山の健康（黒田慶子 編著），pp. 25–44，全国林業改良普及協会．
Takagi, S. & Miyashita T. (2014) Scale and system dependencies of indirect effects of large herbivores on phytophagous insects : a meta-analysis. *Popul. Ecol.*, **56**, 435–445.
武下秀雄・村上 博（1982）カラマツ人工林間伐におけるカラマツヤツバキクイムシの発生消長と防除．森林防疫，**31**，190–194.
Taki, H., Inoue, T. *et al.* (2010) Responses of community structure, diversity, and abundance of understory plants and insect assemblages to thinning in plantations. *For. Ecol. Manag.*, **259**, 607–613.
Taki, H., Okochi, I. *et al.* (2013) Succession influences wild bees in a temperate forest landscape : the value of early successional stages in naturally regenerated and planed forests. *Plos ONE*, **8**, 1–8.
田下昌志（2009）里山の管理とチョウ群集の多様性．蝶と蛾，**60**，52–62.
敦見和徳・奥田 圭 ほか（2015）ニホンジカの高密度化による林床環境改変が初夏期の土壌動物群集に与える影響．森林立地，**57**，85–91.
Twieg, B. D., Durall, D. M. *et al.* (2007) Ectomycorrhizal fungal succession in mixed temperate forests. *New Phytol.*, **176**, 437–447.
上田明良・田渕 研 ほか（2008）シカの採食がササにゴールを形成するタマバエとその寄生蜂２種に与える間接効果．日林誌，**90**，335–341.
上田明良・日野輝明 ほか（2009）ニホンジカによるミヤコザサの採食とオサムシ科甲虫の群集構造との関係．日林誌，**91**，111–119.

山根明臣（1982）第 7 節 松くい虫．森林病虫獣害防除技術（林業科学技術振興所 編），pp. 91–104, 全国森林病虫獣害防除協会．

Yamaura, Y., Royle, J.A. *et al.* (2012) Biodiversity of man-made open habitats in an underused country: a class of multispecies abundance models for count data. *Biodivers. Conserve.,* **21**, 1365–1380.

Yamaura, Y., Narita, A. *et al.* (2019) Genomic reconstruction of 100,000-year grassland history in a forested country: population dynamics of specialist forbs. *Biol. Lett.,* **15** (5), Article 20180577.

Yoshimura, M. (2009) Impact of secondary forest management on ant assemblage composition in the temperate region in Japan. *J. Insect. Conserv.,* **13**, 563–568.

湯川典子・恩田裕一（1995）ヒノキ林において下層植生が土壌の浸透能に及ぼす影響（I）散水型浸透計による野外実験．日林誌，**77**，224–231．

第4章 里地里山の利用変化による影響

田渕 研

はじめに

「里地里山」とは原生的な自然と都市との中間に位置し，集落とそれを取り巻く二次林，それらと混在する農地，ため池，草原などで構成される地域を指す（図 4.1）．里地里山は森林の定期的な伐採や下草の手入れなど，人間が自然へ積極的に働きかけて形成されてきた環境であり，モザイク状の多様な生態系群から構成される．里地里山は，人為的な適度の撹乱があり，また森林などの自然区域と人為的な環境の境界にあることから，この環境に依存する多様な生物をはぐくんできた．里地里山は人間と自然の長年の相互作用を通じて維持されてきた人為的な半自然環境ともいえる．人間は森林に由来する木材や薪，下層植生に由来する山菜，薬草類，枯死木に由来するキノコ類，野生動物の肉などの恩恵を安定的に享受してきた．また，里地里山は湿地や農地による洪水の緩和といった治水機能も持ち，人為的な干渉によって「奥山」と「都市」との中間的な緩衝地帯として野生動物と人間との軋轢軽減などにも貢献している．

近年，日本の人口減少や産業構造の変化から里地里山の利用が低下し，里地里山は生物多様性の第 2 の危機（自然に対する働きかけの縮小による危機）であるアンダーユースの状況となっている．本章では，日本と世界の里地里山（以後，同義で「里山」とも呼ぶ）環境について概説するとともに，里地里山のアンダーユースの現状，里地里山のアンダーユースが昆虫類に及ぼす影響について概説する．

図 4.1　日本における里地里山環境
(a) 棚田とスギ植林地（茨城県高萩市），(b) 大規模水田と里地里山（岩手県平泉町）→口絵 9

4.1　里地里山と SATOYAMA

日本において「里地里山」と呼ばれてきた環境は先に述べたモザイク状の生態系群を指す．英語において里地里山に対応する単語は見あたらない．Agroforestry や eco-agriculture など，生物多様性の維持と持続的な生態系サービスの享受を目的とした土地利用方法はあるが，里山は自然観や文化的な背景をも含む点が意味合いとして異なる．社会生態的なシステムである里山と人間との相互関係は生物多様性保全だけでなく，社会経済，自然に対する伝統的な知識や文化，自然観に重要な役割を果たしている（Ceccaldi *et al.*, 2015）．英語において里地里山に対応する単語はない一方，アジア諸国をはじめとして世界中に里地里山と同様の概念が存在しており（Duraiappah & Darkey, 2012），生物多様性や生態系サービスの持続的な利用や自然に対する固有の価値観や文化が存在する．

日本が議長国となった 2010 年の生物多様性条約第 10 回締約国会議（CBD COP10）において，環境省と国連大学高等研究所（UNU-IAS）は「SATOYAMA イニシアティブ」（＝里山構想，里山戦略）を提唱した．これにより世界各地に見られる，人間と自然の長年の相互作用を通じて形成された里地里山類似環境の価値を共有し，これらの環境維持による生物多様性保全や人類の幸福を支える生態系サービスの保護を世界に発信している．世界的に見られる里地里山に類似した環境や自然資源の管理手法としては，フィリピンのムヨン（muyong，私有二次林）やウマ（uma，焼畑），パヨ（payoh，棚田），韓国のマウル（mauel），スペインのデエサ（デヘサ，dehesa），フランスなど地中海諸国のテロワール（terroirs），マラウィやザンビアのチテメネ（chitemene）等が知られている．

4.1.1　ムヨン

ムヨン（muyong）は豊かな森林を基盤とした里山類似環境であり，フィリピン国イフガオ州の方言で「森林」や「植林地」を指す．森林に依存したユニークな伝統的農業はムヨンシステムとも呼ばれる．ムヨンは部族の経済に重要な役割を果たし，薪炭や建材，食べ物や薬用植物の供給源である（Butic & Ngidlo, 2003）．イフガオ州の山岳地帯には6万8千haに及ぶ棚田があり，2千年以上有機栽培でイネを栽培している（Altieri & Koohafkan, 2008；Koohafkan & Altieri, 2010）．山肌に作られた棚田のうち5集落が1995年にユネスコの世界遺産に認定されている（図4.2）．ムヨンは生物多様性の高い場所としても知られ，45種の薬草を含む264種の植物はその多くが地域特異的なものである．現地では多くの有用植物を利用するが，イネを加害するヨトウ類の幼虫に対しては20種の薬草を用いた殺虫剤を利用して防除を行っている（Serrano & Cadaweng, 2005）．

図4.2　ムヨンの風景
フィリピン国イフガオ州．Serrano, R. C. & Cadaweng, E. A.（2005），p. 102より引用．Patrick Durst 撮影．

4.1.2　デエサ

デエサ（デヘサ，dehesa）はスペイン中南部やポルトガル南部の地中海性気候に適応した照葉樹林を中心とする，多機能の「林業–農業–畜産システム」(silvopasture，林間放牧，林畜複合経営，アグロフォレストリーの一種，スペイン語ではmontado)，かつ文化的な景観である．デエサは個人や市町村に属する共同財産として維持・管理されている．基本的には放牧に使われる草原で構成され，草原内に点在する木や森林も利用される．現地の人々はデエサから野生鳥獣の肉・キノコ類，蜂蜜，コルク，薪炭といった木材以外の様々な森林生産物を得ている．また，闘牛用の牛やイベリコ豚の放牧地としても用いられる．木本植物はカシが主体であり，主要樹種はブナ科コナラ属のセイヨウヒイラギガシ（*Quercus ilex*）やコルクガシ（*Quercus suber*）が知られ，地域や標高によって主要樹種は異なる．デエサは様々な食物を供給するだけでなく，スペインヤマネコ（Iberian lynx, *Lynx pardinus*）やイベリアカタシロワシ（Spanish Imperial Eagle, *Aquila adalberti*）といった，絶滅が危惧されている野生動物の生息地としても機能していることが知られている．

デエサでは，家畜によって造られた草原に樹木が散在することで林冠下に有機物を提供する．これにより直接的・間接的に地上や地下の物理化学性を変化させて食物網の変化，栄養サイクルや農業生態系の生産性に寄与する．デエサでは単純な草原環境よりもトビムシ相が豊かなことが報告されている（Rossetti *et al.*, 2015)．また，樹木穿孔性害虫であるカミキリムシ類（コウチュウ目：カミキリムシ科）はデエサの主要な構成樹種であるカシ類衰退の大きな要因の一つとなっている（López-Pantoja *et al.*, 2008)．その一方，カミキリムシ類は森林生態系の中で森林の構造や種構成に影響し，多くの鳥類や，爬虫類，哺乳類や節足動物類の利用可能なニッチを増やす生態系エンジニア（ecosystem engineer）としても機能している（Buse *et al.*, 2008；Fayt *et al.*, 2006)．また，デエサには絶滅の恐れのある種群を含む腐朽材食性のコウチュウ類やハナアブ類が多数生息し，人間によって適度に管理された密度で特定の樹種の木が生えていることが，これらの昆虫の保全に重要であることが示されている (Ramírez-Hernández *et al.*, 2014)．

4.1.3 テロワール

森林ではないが，果樹を中心として人間が自然に長期的に働きかけて形成されたテロワール（terroir）も重要な里山類似環境として位置づけられる．テロワールはフランス語独特の概念であり，もともとは土壌（soil）の意味を持つ．広義にはワイン用のブドウが育つための環境である「場所」，「地形」，「気候」，「土壌」などすべてを含んだ複合的地域性を意味し，ワインの性質や品質を左右する要因として捉えられている（図 4.3）．フランスなどの地中海諸国において，数世紀にわたって人為的に管理されたブドウ園，さらには上記のテロワールの相互関係の結果として存在する景観は，ある種の里山文化景観として考えられる（Ceccaldi *et al.*, 2015）．

ワインの性質や品質を決定づけるのはミネラルや土壌組成の小さな変異，水

図 4.3　テロワールの風景
ワイン生産用ブドウ畑（フランス国ボルドー）．高橋正義博士 提供．

管理，気象条件などであるが，生物多様性も大きく関与していることが近年の研究事例から知られている．Bokulich *et al.* (2014) は，皮や種を含む醸造前のブドウジュースから微生物叢解析を行い，地域，場所，ブドウ品種といった要因が，ワイン用ブドウの表面やブドウの植物体内に生息する菌やバクテリアの特異的な共同体を形作ることを明らかにした．これらの微生物叢は固有の気象条件とも関連することが示され，ワイン用ブドウの地域的な変異を決定する要因としての「微生物叢テロワール」が存在することが明らかとなった．また，ワインの品質に影響する地域の微生物相としては，昆虫や空気による輸送，土壌中の微生物コロニー，雨粒による土壌の跳ね上がり，収穫する人間，農地管理，といった地域の生物多様性に関する様々な要素があり，間接的にワインの味や品質に影響していることが示唆されている（Gilbert *et al.*, 2014)．さらには，害虫の加害によってブドウ体内で増加するバクテリアも存在する（Barata *et al.*, 2008）ことも知られ，ワインの「テロワール」の一部として昆虫が関与していることも示唆されている．

4.1.4 チテメネ

アフリカ中南部においても，森林を利用した里山類似環境が知られる．チテメネ（chitemene）は現地のベンバ語で「庭園のために木の枝が切られた場所」を意味する言葉であり，コンゴ南東部，ザンビア北部，タンザニア西部一帯の貧栄養土壌地帯で行われている焼き畑農業システムを指す．チテメネは原生林や二次林であるミオンボ林（Miombo woodland，熱帯・亜熱帯性草原やサバンナ，低木林を含む乾燥疎開林）からなる．Miombo はスワヒリ語で焼き畑のことを示し，アフリカ中南部に主に分布する *Brachystegia* 属植物（マメ科ジャケツイバラ亜科）の刈り取りや刈り込み，焼き畑といった一連の作業が含まれる．単純な焼き払いよりも多くの灰の層を作るために，焼き畑は薪を追加して行われるという特徴がある．焼き畑ではシコクビエ（*Eleusine coracana*, イネ科オヒシバ属）やトウモロコシ（*Zea mays*, イネ科トウモロコシ属)，ソルガム（*Sorghum bicolor*, イネ科モロコシ属)，キャッサバ（*Manihot esculenta*, トウダイグサ科イモノキ属）が栽培される（図 4.4)．作物と同時に有用植物も混作されることが知られ，*Flemingia congesta*（マメ科エノキマメ属）は主

図4.4　チテメネ（chitemene）の伝統的な風景（ザンビア国）
（a）焼き畑作業，（b）播種作業，（c）繁茂したシコクビエ，（d）収穫作業．大山修一博士 提供．

に生け垣として，*Tephrosia vogelii*（マメ科ナンバンクサフジ属）は緑肥として，また乾燥した葉をシラミやダニの殺虫剤，魚毒漁や矢じりに塗る毒としても利用し，キダチデンセイ *Sesbania sesban*（マメ科セスバニア属）は飼料，薪炭，ロープや漁業用網の原料として利用するために栽培される（Matthews *et al.*, 1992）．

チテメネが行われている地域の中で，特にザンベジ川流域における large circle chitemene と呼ばれる現地農業においては，オオキノコシロアリ属のシロアリ（*Macrotermes* spp.）との結びつきが非常に強いことが知られている（Mielke, 1978）．この地域に楕円状に形成された焼き畑の中心部付近には常にシロアリによるアリ塚があり（Mielke & Mielke, 1982），アリ塚は周辺と比較して土壌の栄養が豊富なことが示されている．通常，導入されたトウモロコシ，コメ，ジャガイモ，ラッカセイ，ユーカリ類（*Eucalyptus* spp., フトモモ科ユーカリ属），パラゴムノキ（*Hevea brasiliensis*, トウダイグサ科パラゴムノキ属）といった植物はシロアリの食害をひどく受けるが，固有作物であるソルガムやギニアアブラヤシ（*Elaeis guineensis*, ヤシ科アブラヤシ属）はアリ塚上であまり食害を受けず，何らかのシロアリ耐性を進化させていることが示唆されている（Mielke & Mielke, 1982）．現地の人々はタンパク源としてシロアリを食料としているほか，アリ塚を砕いて水と混ぜたものをセメント代わりにしてレンガなどの建材として利用している．

4.1.5　世界のSATOYAMAの比較：里山の指標にもとづく類型化

前述のような里山と類似した土地利用については，SATOYAMAイニシアティブの対象とする地域の呼称として「社会生態学的生産ランドスケープ」として扱われ，アジア全域における対象地域について文化的背景を含めた考証がなされている（国際連合大学，2012）

また，Dublin & Tanaka（2014）は地域の持続的な成長を評価するモデル（Mekush, 2012）を応用し，里山環境，特に里山を基礎とした農業環境を指標化することで，SATOYAMAイニシアティブの対象となる地域について評価する手法を作成した．Satoyama Agricultural Development Tool（SADT）と名付けられたこの指標は，五つの基準（1. 自然資源の循環利用，2. 環境収容力と環境の可塑性に応じた資源の利用，3. 地域固有文化や伝統の価値と重要性の認識，4. 自然資源の共同的管理，5. 地域の社会経済に対する貢献）によって構成される．これによりある特定地域の持続的な成長に必要な要素を抽出し，直面する問題の解決策を共有することで地域社会の持続可能性や成長強化に関する政策策定などを後押しすることが可能になる．Dublin *et al.*（2014）ではSADTを用いた比較研究を行い，ガボン，ガイアナ，インドネシア，マレーシアから対象地域を抽出し，個別の地域の特性や問題点などを比較，解決策を提示している．

上記に加えてKadoya & Washitani（2011）は農業生態系における生物多様性に影響する重要な要因として土地利用の多様性に着目し，生態系や生息地の多様性の評価指標として「さとやま指数」（SATOYAMA Index, SI）を提唱した．これは6 km×6 km程度の大きさの土地を1 km×1 kmの格子で区切った土地被覆データから計算するものであり，日本ではトンボ類や両生類，サシバ（*Butastur indicus*, タカ科サシバ属）の多様性とよく対応する．また，前述したスペインのデエサや，生物多様性の高いことで知られる中央アメリカの

図 4.5　さとやま指数メッシュデータのトップページ
http://www.nies.go.jp/biology/data/si.html より引用.

shade coffee landscape（熱帯雨林を保護し，伝統的な木陰栽培農法でコーヒーを生産する地域）といった他の国の伝統的な農業景観においても「さとやま指数」は利用可能であった．これにより，潜在的な生息地の利用可能性を利用した「さとやま指数」から世界中の多様性のモニタリングと比較が可能になった．国内では吉岡ほか（2013）が 50 m メッシュの高解像度土地利用データと農業的土地利用の比率で重みづけた「改良さとやま指数 M-SI」を用いて，日本国内の土地利用や生物多様性の特性を比較している．これらの研究成果をもとに，国立環境研究所では以下のウェブサイトにて里地里山の保全・再生に関わる政策の立案・モニタリング・評価のために「日本全国さとやま指数メッシュデータ」を公開している（図 4.5）．

4.2　里山のアンダーユースの現状

これまで人為的に維持されてきた環境とそこに依存する生物相が失われるこ

とが危惧され，環境省（2007）による第三次生物多様性国家戦略においては，日本の生物多様性における危機について，開発による自然の消失（オーバーユース）を第1の危機，アンダーユースによる自然の劣化を第2の危機として示している．

4.2.1　日本における里山のアンダーユース

日本において里山は古くは縄文時代から見られ，集落付近に有用植物を栽培してその収穫物を利用していた痕跡が明らかとなっている（中村ほか，2010）．その後は18世紀頃まで里山の過剰利用が問題になるほどに依存していたことが知られており，歴史的にはオーバーユースの時期が長く続いたことになる．一方，第二次世界大戦後，1950年代から1970年代にかけての高度経済成長期において，日本の産業構造は農林業などの第1次産業から第3次産業へ変化した．これにより都市への人口流出，農山村人口の減少，さらには少子高齢化といった社会情勢が大きく変化し，また家庭用燃料は薪炭から化石燃料に置き換わった．そして，里山としての利用が衰退した都市近郊の土地は宅地として大規模に利用されることとなった．このような社会情勢の変化から，縄文時代から続いた里地里山の管理や利用の衰退が続いている．これにより，直接的には森林伐採の減少，森林の下層植生放置による木本植物やササ類の繁茂・二次林化，竹林の放置による周辺森林の竹林化（竹害とも呼ばれる）といった植物相への変化やそれに伴う景観構造の変化が見られた．

里地里山としての利用低下は，人為的な環境改変による衰退も含む．農山村人口の減少に伴う里地里山のアンダーユースが進む一方で，担い手の減少を補うために農業の集約化・機械化がもたらされ，里地里山環境とそこに依存する生物群に影響を与えた．農業の機械化には水田面積の拡大が必要とされ，1963年に制度化された圃場整備事業によって水田面積の拡大やコンクリート製の畦の造成も進んだ．また，米の生産過剰対策としての生産調整，いわゆる減反政策において水田をダイズなどへの転換畑として利用する需要が増加した．このため，水田の乾田化・用排水の分離，水路のコンクリート化も進んだ．これらの農地の変化は畦の植生を変化させ，直接的・間接的に畦に依存する昆虫類の種数や個体数を減少させる原因となっていることが知られている（北澤，

2011)．またこの変化は水路に生息・生育していた動植物の生活の場を消失させてしまうとともに，水路と水田，あるいはこれらと畦や草地，樹林地等，水環境の多様性と連続性に依存していた移動を妨げ分断させてしまう．

4. 2. 2　世界の SATOYAMA におけるアンダーユース

日本国内に限らず，世界の SATOYAMA のアンダーユースについても，その固有の環境や文化，伝統的な経済活動の衰退のみならず，生物多様性の喪失の危機として捉えられている（Ngidlo, 2011；国際連合大学，2012；Lopez Sanchez, 2015）

たとえばスペインでは過去数十年にわたって農村地域の人口減少が進んだ結果，デエサの保全に危機が生じている．管理放棄によって下層植生，特に低木類が繁茂して野火の危険性が高まっているデエサでは，生物多様性の低下や家畜の環境収容力の減少が懸念されている（García-Tejero *et al.*, 2013；図 4. 6）．放棄されたデエサの管理の代替手法として，機械による下層植生の一斉除去が多くの場所で行われているが，植物や鳥の多様性に負の影響があること，また一時的に捕食性コウチュウ類に正の影響を及ぼすものの，種子食性のゴミムシ類や糞食性のハネカクシ類に負の影響があることが知られている（García-Tejero *et al.*, 2013）．これらコウチュウ類の多様性維持には人工的な下層植生管理ではなく，家畜による採食が重要なことが示されている．

前述のように，世界中に SATOYAMA イニシアティブの対象とする「社会生態学的生産ランドスケープ」が存在し，これら伝統的な農業システムはそれぞれの地域の生物多様性に貢献している．Ngidlo（2011）は中国やチリ，フィリピンにおける既知の文献を総括し，世界の伝統的な農業システムにおいて生物多様性に影響する主要な原因は（1）農業の近代化，（2）観光産業，（3）教育と人口流出，（4）気候変動だとした．このうちアンダーユースと強く関わるのは（1）と（3）である．多くの伝統的な農業を中心とした社会においては，固有な景観が人々と自然を結びつける文化を生み出してきた．しかしながら，貨幣経済の普及によってこの結びつきが弱まり，既存の自然資源や伝統的な信仰システムへの依存度が減っている．フィリピンや中国，チリの農業社会では都市への人口流出によって農業に従事する労働力が不足し，伝統的な農業

図 4.6　管理の異なるデエサ 3 タイプ
(G) 放牧により伝統的な管理がされているデエサ，(A) 耕作放棄されたデエサ，(C) 耕作放棄後に機械で下層植生が刈り取られたデエサ．Garcia-Tejero *et al.* (2013) Fig. 1 より引用．

システムは荒廃の危機に瀕している．里山類似環境の保全のためには政府や観光者，産業部門や地域の農業者といった権利所有者による，保全や維持のコストを分配する仕組みを整備する必要がある．伝統的な農林業によって維持されてきた生物多様性の保全には，里山類似環境の生態的，社会的な部分を下支えする努力が不可欠である．これを実行するためには，生物多様性管理が土着の知識と資源の利用に関して包括的な助けになるはずであり，これは同時に，独自の知識と資源に基づく利用による生態系サービスの持続的な供給を維持するためにも助けとなるはずである (Ngidlo, 2011)．

伝統的な農林業システムにおける知識や慣習は生物多様性保全にとどまらない．ほとんどすべての伝統的農業システムは有機栽培から派生しており，近代農業における作物や家畜生産システムを最適化する可能性を秘めている．また，その土地に固有の景観を生かしたエコツーリズムなどの観光産業は生物多様性の保全に貢献する可能性がある．地域コミュニティの人々による，地域に根ざした観光プログラムを組織すること，またこれを手助けするために地方政府や政府機関が介在することで生物多様性や他の伝統的な地域資源の持続的な利活用が可能になるかもしれない．

4.3　里地里山でのアンダーユースが昆虫類に及ぼす影響 

4.3.1　里地里山の複合生態系

本章の冒頭に記したように，里地里山は様々な複合生態系から構成されており，昆虫類をはじめとして多種多様な野生生物を涵養している．単独の生態系のみならず，いくつかの複合的な生態系を生息地として持つ種群はこのような環境でないと生きられず，結果として里地里山のアンダーユースによって種や個体数の減少が起こる．多くの捕食性節足動物は生活史を完了するために様々な生息地を必要とすることが知られる．里地里山では森林，農地，湿地などの環境があり，それぞれが隠れ家，餌場，繁殖相手を探す場所，越冬場所などとして利用され，昆虫類と直接的・間接的に相互作用のある生物群を養っているといえよう．

里地里山のアンダーユースによる直接的な影響としては，森林への人為的な働きかけによって形成される環境に特異的に依存してきた希少生物の減少や地域的絶滅が考えられる．草刈りや木本の枝打ち，落ち葉かきなどによって下草が管理された林床にはカタクリやカンアオイ属植物など開放的な草原を好む植物が分布し，これらに依存する昆虫類がいることが知られている．代表的な種としてはギフチョウ *Luehdorfia japonica*（チョウ目：アゲハチョウ科）が挙げられる．このチョウは美麗な翅を持つことから愛好者の多い生物であって環境調査の指標昆虫にも選定されている．現在は里地里山などの生息環境が減少していることもあり，環境省による絶滅危惧II類（VU）の指定を受けている．

また，雑木林やため池，水田などの環境から構成される谷津田環境を対象とした調査から，圃場整備事業による畦の雑草植生変化に伴ってバッタやカマキリ類の種数や個体数が減少することが知られている（楡井・中村，1998）．また乾田化とそれに伴う水性貝類の影響から，ヘイケボタルの個体数の減少が確認された．これは，水田や渓畔における雑草類の種数の減少や帰化植物の増加(大窪・前中，1994)，多年生水田雑草から越年生畑地雑草への変化（中村・中村，1997；小沼・中村，1999）が見られることに起因するとも考えられている（北澤，2011）．

里地里山のアンダーユースは動物や節足動物への変化を介して人間への感染症にも影響している可能性がある．2012年にマダニ類（＝マダニ亜目に属する吸血性のダニ，Ixodida）が媒介する「重症熱性血小板減少症候群（SFTS)」が新規に報告され，死者が出たことは記憶に新しい（西條，2018）．野外におけるマダニ類の宿主動物は里山に生息するクマやシカ，イノシシ，タヌキなどの哺乳類であり，マダニ類は哺乳類へ取り付くための待機場所としてササを好む（図4.7a）．マダニ類の増加とマダニ媒介性感染症については，里山のアンダーユースによって下草刈りが衰退することでササ類が増加したことや，里山の哺乳類が増加して里地への進出が増えたこと，近年のアウトドア志向の高まりで登山に親しむ人々が増加していることが理由として考えられている．

里地里山のアンダーユースによって病原体を保持しているマダニ類が増加したかどうか，直接的な証拠は今のところ示されていない．しかし，SFTSの報道によって発症が話題となり医療機関を受診する患者が増加したことや，寄生虫・衛生動物の同定依頼検査数がSFTSの報道発表後に増加した事例（高橋，2014）もある．里地里山のアンダーユースに伴う野生動物の里地への進出やササ類の優占する植生が増加したことが原因となったマダニとマダニ媒介性感

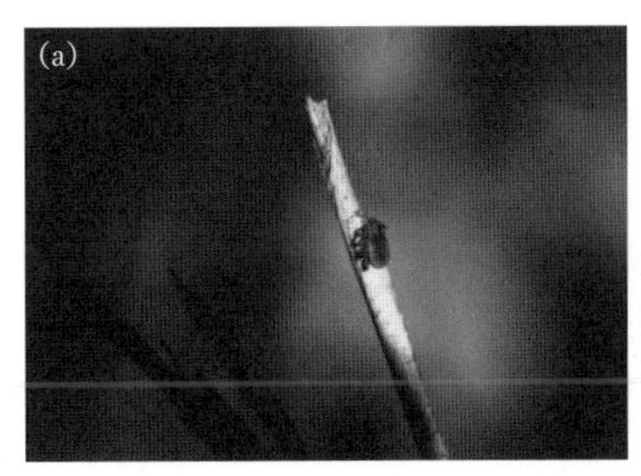

図4.7 (a) ササ上で待機するチマダニ属マダニの1種と (b) 吸血後のタカサゴキララマダニ
角田隆博士 提供．

染症の増加は十分に可能性がある．2020年1月末においては，日本国内で西日本を中心に498の発症例が報告されており，2019年の年間発症数は調査開始以降初めて100件を超えて漸増し続けているため（国立感染症研究所，https://www.niid.go.jp/niid/ja/sfts/3143-sfts.html），今後も注視していく必要があるだろう．

4.3.2　森林生態系と農地生態系

森林に依存し，森林の環境指標として利用可能な節足動物種群としてはアリ類，チョウやガ類，ゴミムシ類，カミキリムシ類，糞虫類，クモ類，ハナアブ類，寄生蜂類などが知られる（Didham *et al.*, 1996, Maleque *et al.*, 2009, Maleque *et al.*, 2010）．これらの昆虫の一部には農地における害虫類の天敵として重要な種も含まれており，応用上も重要な存在である．

森林と農地を行き来する天敵類として重要な分類群の一つがゴミムシ類である．ゴミムシ類のうち，肉食の種群は害虫密度の抑制（Tscharntke *et al.*, 2016），種子食の種群は雑草種子の防除（Ichihara *et al.*, 2011）に有効に働く．香川ほか（2008）は農地とその周辺景観に生息するゴミムシ類の季節動態を調査した結果，餌などの生態的地位ごとに利用している環境が異なることを示した．たとえば，肉食性で天敵として有望なアオゴミムシ亜科は樹木地にほとんどおらず，牧場と果樹園にいたこと，種子食性種を含むマルガタゴミムシ亜科とゴモクムシ亜科は水田に多かったこと，様々な環境で採集され，個体数の最も多かったヤコンオサムシ（*Carabus yaconinus sotai*, コウチュウ目オサムシ科）は主として平地の樹林地に生息していたが，林地に隣接する農地にも進出しており，特に果樹園で多かったことが示されている（Kagawa & Maeto, 2009）．また，ヤコンオサムシのトラップ調査と雌雄成虫の標識再捕獲調査から非常に興味深い生態が明らかになった：(1) 成虫は雌雄ともに林縁部に多く，林内に入るに従って個体数が減少する，(2) 雄成虫があまり移動せずに林縁付近にとどまるのに対して雌成虫は林内をよく動き回り，隣接する果樹園にも移動する，(3) 幼虫は常に林内に生息し，発育に伴って林縁近くに移動するが果樹園には進出しない．これにより，ヤコンオサムシでは雌成虫が主に農地で天敵として機能する可能性があることや，幼虫の生息地として樹林地が必須になることが示された（Kagawa & Maeto, 2009）．林縁部のような土地利用の境界地域はアンダーユースに伴って劣化することが予想されるため，このように有用昆虫類の働きに悪影響が及ぶ可能性があるだろう．

また人為的，政策的な森林などの土地利用の変化は，農業生態系における害虫の発生に影響することが知られている．事例としては，減反政策や耕作放棄地の増加によって被害が拡大した斑点米カメムシ類に加え，果樹を加害する害虫カメムシ類（以下，果樹カメムシ類）を挙げることができる．戦後の治山・治水を目的とした植林事業や木材需要のために1960年代から始まった拡大造林によって日本の全森林面積の40%に相当する1000万haがスギ，ヒノキ，カラマツなどの木材用樹種の単一植林地となり，多くの里山の雑木林が失われた．これを契機に果樹カメムシ類が害虫として大きな問題になった（Kiritani, 2007）．果樹カメムシ類は4科25種が知られ，カメムシ目カメムシ科に属する3種，チャバネアオカメムシ（*Plautia stali*），クサギカメムシ（*Halyomorpha halys*），ツヤアオカメムシ（*Glaucias subpunctatus*）が主要種として挙げられる．果樹は栄養面で餌としては不適であり，主に水分補給のために果樹の果実を加害している．いずれの種も様々な植物種子が餌となり，チャバネアオカメムシでは100種以上の植物種子を利用するが，特にスギやヒノキなど針葉樹の球果を好む．このため，スギやヒノキの球果の吸汁痕（口針鞘）の数から果樹園への飛来時期を予測する方法（堤，2003）やスギやヒノキ花粉の生産量から個体群密度を予測する方法（松本ほか，2001；Ohtani *et al.*, 2017）が知られている．また，チャバネアオカメムシにおいては発生量の多い環境条件が調査され，6月と8月において半径400 m～1500 mの範囲の針葉樹面積とトラップ捕獲個体数に正の関係があることが示された（滝，2015）．これらのことから，本種を含む果樹カメムシ類の広域管理の選択肢の一つとして針葉樹人工林から広葉樹林への転換が提案されている．

果樹カメムシ類や斑点米カメムシ類のように，生息地や生態系間を移動する害虫類に関しては，「圃場単位」ではなく，より広域的な視点で圃場侵入以前の発生場所を特定することや，発生しやすい環境条件を明らかにすることが重要である（田渕・滝，2010）．また，里地里山環境に依存している天敵昆虫類に関しても同様の取り組みが行われつつあり，保全型生物的防除（conservation biological control，土着天敵の保護強化による生物的防除）として注目されている．

4.3.3　森林生態系と湿地生態系

ゲンゴロウ類や水生カメムシ類といった，生活史のある期間を水面や水中で過ごす水生昆虫類は，里地里山の水環境に大きく依存する分類群である．一年中水中や水面で生活するものもいるが，その多くは春から秋にかけて湿地や湖沼，水田を利用し，冬にはそれぞれの越冬場所に移動する．たとえば，西城（2001）は，水田地域に生息する止水性水生昆虫は多くの種が恒久的水域であるため池に留まることなく，不安定な一時的水域である水田も生息や繁殖の場所として利用していたことを明らかにしている．このため季節ごとに生息地を移動する昆虫類は年間を通じた複数の生息地のうち，いずれかが劣化することで連結性が失われて生活史を全うできなくなるため，里地里山のアンダーユースに大きく影響を受ける分類群だといえる．実際，絶滅が危惧されている水生昆虫類は多い．全国的に減少傾向が報告されているタガメは，主要な餌を水田や水路に生息するオタマジャクシ類や小型魚類に依存しており，乾田化に伴うこれらの水生生物の減少が，タガメの減少の一因として影響したことが考えられている（大庭，2018）．

また，幼虫時代に水中生活を送るカゲロウ類（カゲロウ目）やカワゲラ類（カワゲラ目），トビケラ類（トビケラ目），ユスリカ類（ハエ目ユスリカ科）についても，里地里山のアンダーユースに伴う水質や環境の劣化による影響が生存や分布，多様性に強く反映される．これらの昆虫類は数や種数が多いことから河川や湖沼の環境指標生物として扱われる分類群であり，またこれらの昆虫は，森林や農地などに生息する昆虫類や鳥類，魚類などといった肉食生物の餌として重要な位置を占めるため，他の生物への影響も大きい．

里地里山，特に森林と農地を行き来する昆虫としてトンボ類は重要である．トンボは比較的研究が容易で，水域生息地における総合的な生物多様性を評価するのに有益な分類群であり，環境の健康度を測るためのよい指標として知られる（Corbet，1999）．多くの種の多様性の中心が熱帯雨林に偏るのとは異なり，トンボは南極大陸以外の世界中に広く分布していて種も多様である（Kalkman *et al.*, 2008)．トンボ目昆虫は幼虫時代を水中の生息地で過ごし，成虫は陸上の幅広い生息地を利用する．幼虫の生活には水質や底面の基質，水中の植生構造といった水中生息地の条件が決定的な影響を持つ．それに対して成虫の生息地選択は日陰の程度を含む陸上の植生構造に強く依存する．結果として，トンボは森林伐採や土壌浸食の増加といった生息地の変化に強い反応を示す．実際に，トンボ目昆虫類も世界的な環境変化に対して負の影響を受けていることがすでに報告されている．Clausnitzer *et al.* (2009) が世界のトンボ目昆虫からランダムに 1500 種のトンボを選んで分布地図と生活に必須の生息地タイプを仕分け，地域や生息地タイプによる種の絶滅への脅威レベルを検討した結果，実に 10 種に 1 種は絶滅の危機に瀕していることが明らかとなり，これまでの種の絶滅に関する推定が過小推定であることを示した．今後の多様性保全を考える上では，環境の異質性を最大限に保った生態系管理がトンボ類の減少を抑えるために重要な点であり (Samways & Stertler, 1996)，多様な異質環境を持つ里地里山がアンダーユースによって衰退することはこれらの種の存続にとって危機的な状況だといえよう．

これだけでなく，里地里山の水環境の保全は送粉昆虫による生態系サービスにも影響することが示唆されている．いくつかの訪花性ハチ類は水分摂取が必要であり，日本においても夏期にミツバチが水田に水を飲みに来ることが知られている．このため，野生の訪花性ハナバチ類の営巣を促進する要素としての水環境の保全は地域における送粉サービスの供給に重要かもしれない．また，訪花性ハナアブ類の一部は幼虫が水中生活を行い，成虫が花粉媒介を行う種も少なくないため，地域の水環境が作物生産に影響する可能性がある．実際に，Stewart *et al.* (2017) はスウェーデンにおいて (1) コムギやナタネなど主体の畑，(2) 野生の花や低木，高木樹の生える土地利用が複雑な半自然植生，(3) 池とその周辺の植生，においてイチゴに訪花するハナバチ類とハナアブ類の種数や頻度やイチゴの収量と品質を比較した．結果としてハナバチ類とハナアブ類の数は (1) 畑よりも (2) 半自然植生と (3) 池の周辺で多く，ハナアブ類に関しては (3) 池あり > (2) 半自然植生 > (1) 畑で統計的に有意な違いが見られた．ハナバチ類については統計学的に有意な差が見られなかったものの，ハナアブと同様の傾向が見られた．また，イチゴの収量は (3) > (2)

>(1) の順に多く，受粉がうまくいかないことによってできる奇形果の数は (3)<(2)<(1) の順で少なかった．

里地里山にあるため池はアンダーユースによって草刈りや浚渫などの維持管理がされなくなることで植生遷移が進み，水生生物の多様性が著しく低下する (角田，2017)．これらのことから，森林生態系や農業生態系，その周辺に存在する水環境のアンダーユースは，訪花昆虫の訪花数を通して作物の収量を減少させる可能性もあるだろう．

4.4　里地里山のアンダーユースと生物多様性保全

日本において，里地里山の生物多様性を巡る情勢は大変厳しい．日本の人口は 2011 年から長期減少傾向にあり，また，里地里山地域を維持する農家や林業従事者もまた高齢化と減少の一途をたどっている (図 4.8)．林業従事者は大幅な減少傾向が落ち着き，下げ止まり傾向にあるものの，2005 年に 5.2 万人いた林業従事者は 2015 年についに 5 万人を割り込んだ．2015 年における家族林業経営体経営主の平均年齢は 67.3 歳で，約 8 割が 60 歳以上である (「平成 30 年度森林・林業白書」https://www.rinya.maff.go.jp/j/kikaku/hakusyo/30hakusyo_h/all/index.html)．農業就業人口 (15 歳以上の農家世帯員のうち，調査期日前 1 年間に農業のみに従事した者または農業と兼業の双方に従事し

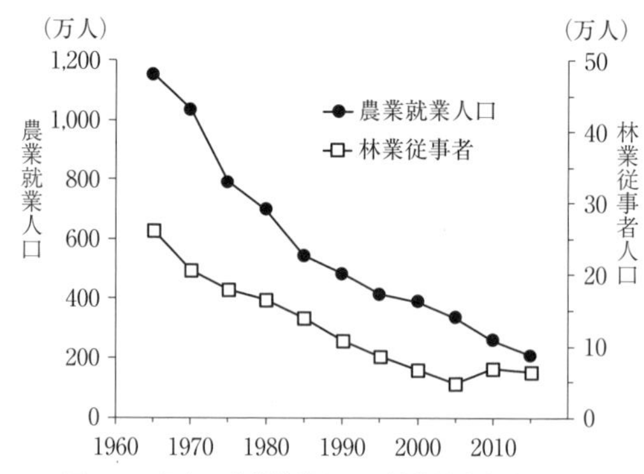

図 4.8　日本の農業就業人口と林業従事者数の推移
農業就業人口は農林業センサス，林業従事者数は国勢調査による数値．

たが，農業の従事日数の方が多い者）は2005年に556.2万人，2010年に453.6万人，2015年には339.9万人となり，この10年間で約40%もの農業従事者数が減って大幅な減少傾向が続いている（「2015年農林業センサス報告書」https://www.maff.go.jp/j/tokei/census/afc2015/280624.html）．また2005年に平均63.2歳だった農業就業人口の平均年齢は2010年に65.8歳，2015年に66.4歳，2019年に67.0歳と高齢化も進んでいる（農林水産省，https://www.maff.go.jp/j/tokei/sihyo/data/08.html#1）．

森林・林業政策は，2001年の森林・林業基本法の改正により，木材生産を主体とした政策から森林の有する多面的機能を持続的に発揮させるための政策へと転換した．森林・林業政策の基盤となる森林・林業基本計画は2006年に改定され，間伐の適切な実施とともに，針広混交林化や広葉樹林化，長伐期化等により多様で健全な森林へ誘導し，生物多様性の保全を一層重視していく方向にある（林野庁，https://www.rinya.maff.go.jp/j/press/kenho/pdf/090723-02.pdf）．対照的に，農業では集約化した大規模経営が政策的に推進されており，平野部による農業が維持される一方で，伝統的な里地里山における農業が将来的に拡大する見込みは低いといえる．中山間地域の水田農業の構造変動についての解析では，中山間地域において大規模な水田作経営は成立する可能性が非常に低く，中山間地域の全経営体のうち，1%以下程度であるという（門間，2016）．また，中山間地域では離農が予測される経営対数が7割以上に達する市町村が多く，農地の多くが流動化する可能性が高いことも指摘されている．

そのような状況下で，これら中山間地域の農地保全対策として，農地としての適地・不適地の明示化と，それに応じた利用方法の仕分けの必要性が主張されている（門間，2016）．すなわち優良農地においては水田農業を行い，耕作不適地では牧草生産などの粗放的に利用，もしくは非産業的に利用，自然に戻すといった労働力の再配分によって中山間地域の農業景観を保全する方向が考えられる．水生昆虫類や両生類の保全活動では，放棄水田を利用したビオトープ作りに取り組んでいる事例（市川，2008）もあり，生物多様性保全に一役買うことも可能かもしれない．また，中山間地域では畜産，施設園芸，野菜，果樹生産といった多様な農業の取り組みがなされ，さらには観光やグリーンツーリズムといった地域の取り組みが実施されている．これらの取り組みの中に，里地里山環境の生物多様性を意識した保全活動が行われることを期待したい．

おわりに

本章では，里地里山のアンダーユースが昆虫類に及ぼす影響について，様々な事例を紹介した．冒頭に記したように，里地里山は人間活動によって維持される生態系であり，森林・農地・湿地生態系を含む複合的な環境である．このことから，中程度の撹乱のある環境に依存する昆虫種群，または生活史を完了させるために複数の生態系からなる環境を必要とする昆虫種群に，里地里山のアンダーユースは致命的な影響を及ぼしうる．さらには，これら里地里山環境に依存する昆虫の多様性が減少することで生物間相互作用（trophic interaction）を通して，これらの昆虫に依存している生物種群が連鎖的に直接・間接的に負の影響を受けるだろう．

日本の産業構造変化によって起こった里地里山のアンダーユースは，人口減少も相まってより一層進んでいくことが懸念される．里地里山のアンダーユースが加速化する中で，森林や農地，湿地といった生態系や環境をどのように省力的に管理し，保全していくのか，自然再生（nature restoration）や再野生化（rewilding）を含めて，議論や実務的な取り組みが必要になっていくだろう．

引用文献

Altieri, M. A. & Koohafkan, P. (2008) *Enduring farms: climate change, smallholders and traditional farming communities.* Third World Network.

Barata, A., González, S. *et al.* (2008) Sour rot-damaged grapes are sources of wine spoilage yeasts. *FEMS Yeast Res.*, **8**, 1008–1017.

Bokulich, N. A., Thorngate, J. H. *et al.* (2014) Microbial biogeography of wine grapes is conditioned by cultivar, vintage, and climate. *PNAS*, **111**, E139–E148.

Buse, J., Ranius, T. *et al.* (2008) An endangered longhorn beetle associated with old oaks and its possible role as an ecosystem engineer. *Conserv. Biol.*, **22**, 329–337.

Butic, M. & Ngidlo, R. (2003) Muyong forest of Ifugao: assisted natural regeneration in traditional forest management. In: *Advancing assisted natural regeneration (ANR) in Asia and the Pacific* (ed. Dugan, P. C. *et al.*), pp. 23–28, Food and Agriculture Organization of the United Nations.

Ceccaldi, H. J., Hénocque, Y. *et al.* (2015) *Marine Productivity: Perturbations and Resilience of Socio-ecosystems.* Springer.

Clausnitzer, V., Kalkman, V. J. *et al.* (2009) Odonata enter the biodiversity crisis debate: The first global assessment of an insect group. *Biol. Conserv.*, **142**, 1864–1869.

Corbet, P. S. (1999) *Dragonflies: behaviour and ecology of Odonata.* Harley Books.

Didham, R. K., Ghazoul, J. *et al.* (1996) Insects in fragmented forests: a functional approach. *Trends Ecol. Evol.*, **11**, 255–260.

Dublin, D., Natalia, F. *et al.* (2014) Agricultural development based on Satoyama principles in indigenous communities: case studies from Gabon, Guyana, Indonesia and Malaysia. *Int. J. Environ. Biodivers.*, **5**, 4–12.

Dublin, D. & Tanaka, N. (2014) Satoyama Agricultural Development Tool: a method for evaluating, guiding and achieving sustainable indigenous and rural communities. *Int. J. Environ. Biodivers.*, **5**, 1–7.

Duraiappah, A. K. & Darkey, E. (2012) Valuing humanity's life support systems: inclusive wealth and Satoyama landscapes. *Glob. Environ. Res.*, **16**, 137–144.

Fayt, P., Dufrêne, M. *et al.* (2006) Contrasting responses of saproxylic insects to focal habitat resources: the example of longhorn beetles and hoverflies in Belgian deciduous forests. *J. Insect Conserv.*, **10**, 129–150.

García-Tejero, S., Taboada, Á. *et al.* (2013) Land use changes and ground dwelling beetle conservation in extensive grazing dehesa systems of north-west Spain. *Biol. Conserv.*, **161**, 58–66.

Gilbert, J. A., van der Lelie, D. *et al.* (2014) Microbial terroir for wine grapes. *PNAS*, **111**, 5–6.

Ichihara, M., Maruyama, K. *et al.* (2011) Quantifying the ecosystem service of non-native weed seed predation provided by invertebrates and vertebrates in upland wheat fields converted from paddy fields. *Agric. Ecosyst. Environ.*, **140**, 191–198.

市川憲平 (2008) 里地の水生昆虫の現状と保全. 環動昆, **19**, 47–50.

Kadoya, T. & Washitani, I. (2011) The Satoyama Index: a biodiversity indicator for agricultural landscapes. *Agric. Ecosyst. Environ.*, **140**, 20–26.

香川理威・伊藤 昇 ほか (2008) 小スケールのモザイク植生で構成される農地景観における歩行虫類の種構成. 昆蟲 (ニューシリーズ), **11**, 75–84.

Kagawa, Y. & Maeto, K. (2009) Spatial population structure of the predatory ground beetle *Carabus yaconinus* (Coleoptera: Carabidae) in the mixed farmland-woodland satoyama landscape of Japan. *Eur. J. Entomol.*, **106**, 385–391.

環境省 (2007) 第三次生物多様性国家戦略.

Kalkman, V. J., Clausnitzer, V. *et al.* (2008) Global diversity of dragonflies (Odonata) in freshwater. *Hydrobiologia*, **595**, 351–363.

Kiritani, K. (2007) The impact of global warming and land-use change on the pest status of rice and fruit bugs (Heteroptera) in Japan. *Glob. Change Biol.*, **13**, 1586–1595.

北澤哲弥 (2011) 里山における農地利用と生態系サービス. 千葉県生物多様性センター研究報告, 4, 70–88.

国際連合大学 (2012) アジアの社会生態学的生産ランドスケープ.

López-Pantoja, G., Nevado, L. D. *et al.* (2008) Mark-recapture estimates of the survival and recapture rates of *Cerambyx welensii* Küster (Coleoptera cerambycidae) in a cork oak dehesa in Huelva (Spain). *Cent. Eur. J. Biol.*, **3**, 431–441.

Lopez Sanchez, A. (2015) Balancing management and preservation of mediterranean scattered oak woodlands (Dehesas) in human-dominated landscapes. pp. 192, Ph. D. Thesis, Technical University of Madrid.

前田 健（2016）重症熱性血小板減少症候群（SFTS）をはじめとするマダニ媒介性感染症の現状. 学術の動向, **21**, 67–71.

Maleque, M. A., Maeto, K. *et al.* (2009) Arthropods as bioindicators of sustainable forest management, with a focus on plantation forests. *Appl. Entomol. Zool.*, **44**, 1–11.

Maleque, M. A., Maeto, K. *et al.* (2010) A chronosequence of understorey parasitic wasp assemblages in secondary broad-leaved forests in a Japanese 'satoyama' landscape. *Insect Conserv. Divers.*, **3**, 143–151.

松本幸子・嶋田 格 ほか（2001）ヒノキ花芽分化期の気象条件によるチャバネアオカメムシの発生量の早期予測法. 九病虫研会報, **47**, 128–131.

Matthews, R. B., Holden, S. T. *et al.* (1992) The potential of alley cropping in improvement of cultivation systems in the high rainfall areas of Zambia I. Chitemene and Fundikila. *Agroforest. Syst.*, **17**, 219–240.

Mekush, G. E. (2012) Evaluating the Sustainable Development of a Region Using a System of Indicators. Sustainability Analysis: *An Interdisciplinary Approach.* pp. 300–326, Palgrave Macmillan.

Mielke, H. W. (1978) Termitaria and shifting cultivation: the dynamic role of the termite in soils of tropical wet-dry Africa. *Trop. Ecol.*, **19**, 117–122.

Mielke, H. W. & Mielke, P. W. (1982) Termite mounds and chitemene agriculture: a statistical analysis of their association in southwestern Tanzania. *J. Biogeogr.*, **9**, 499–504.

門間敏幸（2016）わが国の水田農業の構造変動とその対応方向. 東京農大農学集報, **61**, 6–16.

中村香織・中村俊彦（1997）日本の農村生態系の保全と復元 VI：稲の刈り取り後の水田面の雑草群落と圃場整備. 国際景観生態学会日本支部会報, **3**, 67–69.

中村俊彦・北澤哲弥 ほか（2010）里山里海の構造と機能. 千葉県生物多様性センター研究報告, **2**, 21–30.

Ngidlo, R. (2011) Drivers of change, threats and barriers to the conservation of biodiversity in traditional agricultural systems. *J. Agr. Sci. Tech. B*, **1**, 675–684.

楡井秀夫・中村俊彦（1998）日本の農村生態系の保全と復元 VIII 谷津田の圃場整備による昆虫類・カエル類の変化. 国際景観生態学会日本支部会報, **4**, 1–3.

大窪久美子・前中久行（1994）基盤整備が畦畔草地群落に及ぼす影響と農業生態系での畦畔草地の位置づけ. ランドスケープ研究, **58**, 109–112.

大庭伸也（2018）絶滅危惧種タガメの生態. 化学と生物, **56**, 301–305.

Ohtani, T., Mihira, T. *et al.* (2017) Prediction models for the abundance of overwintered adult brown-winged green bugs, *Plautia stali* (Heteroptera: Pentatomidae), using male flower production of sugi, *Cryptomeria japonica* (Pinales: Cupressaceae), and aggregation-pheromone-trap captures. *Appl. Entomol. Zool.*, **52**, 369–377.

小沼里子・中村俊彦（1999）日本の農村生態系の保全と復元 IX：圃場整備による水田面雑草群落の変化．国際景観生態学会日本支部会報，**4**，88–91.

Ramírez-Hernández, A., Micó, E. *et al.* (2014) The "dehesa", a key ecosystem in maintaining the diversity of Mediterranean saproxylic insects (Coleoptera and Diptera: Syrphidae). *Biodivers. Conserv.*, **23**, 2069–2086.

Rossetti, I., Bagella, S. *et al.* (2015) Isolated cork oak trees affect soil properties and biodiversity in a Mediterranean wooded grassland. *Agric., Ecosyst. Environ.*, **202**, 203–216.

西城 洋（2001）島根県の水田と溜め池における水生昆虫の季節的消長と移動．日生誌，**51**, 1–11.

西條政幸（2018）重症熱性血小板減少症候群（SFTS）研究の話題．ウイルス，**68**，41–50.

Samways, M. J. & Steytler, N. S. (1996) Dragonfly (Odonata) distribution patterns in urban and forest landscapes, and recommendations for riparian management. *Biol. Conserv.*, **78**, 279–288.

Serrano, R. C. & Cadaweng, E. A. (2005) The Ifugao Muyong: sustaining water, culture and life. *In Search of Excellence: Exemplary Forest Management in Asia and the Pacific* (ed. Durst, P. B. *et al.*), pp. 103–112, Food and Agriculture Organization of the United Nations; Regional Community Forestry Training Center for Asia and the Pacific.

初宿成彦・守屋成一（2005）東アジアに拡がるブタクサハムシ．昆虫と自然，**40**，11–14.

Stewart, R. I. A., Andersson, G. K. S. *et al.* (2017) Ecosystem services across the aquatic-terrestrial boundary: linking ponds to pollination. *Basic Appl. Ecol.*, **18**, 13–20.

田渕 研・滝 久智（2010）農耕地周辺の土地利用に注目した広域害虫管理：これまでの研究動向と今後の展望．植物防疫，**64**，251–255.

高橋史恵（2014）寄生虫・衛生動物の依頼検査の概要（2005〜2014）．山梨県衛生環境研究所年報，**58**, 60–64.

滝 久智（2015）チャバネアオカメムシの広域管理に向けた針葉樹人工林の季節ごとの景観の影響評価．植物防疫，**69**，306–310.

Tscharntke, T., Karp, D. S. *et al.* (2016) When natural habitat fails to enhance biological pest control-Five hypotheses. *Biol. Conserv.*, **204**, 449–458.

角田裕志（2017）ため池の管理放棄と改廃による水域生態系への影響：人口減少で何が起きるか？野生生物と社会，**5**，5–15.

Tsunoda, T. & Tatsuzawa, S. (2004) Questing height of nymphs of the bush tick, *Haemaphysalis longicornis*, and its closely related species, *H. mageshimaensis*: correlation with body size of the host. *Parasitology*, **128**, 503–509.

堤 隆文（2003）果樹カメムシ：おもしろ生態とかしこい防ぎ方．農山漁村文化協会.

山内健生・高田 歩（2015）日本本土に産するマダニ科普通種の成虫の図説．ホシザキグリーン財団研究報告，**18**，287–305.

吉岡明良・角谷 拓 ほか（2013）生物多様性評価に向けた土地利用類型と「さとやま指数」でみた日本の国土．保全生態学研究，**18**，141–156.

第3部

外来の生物やもの

第5章 外来昆虫による影響

井手竜也

はじめに

人間活動によって，その種の自然分布や分散能力範囲を超えて，もともと生息していなかった地域や国に運びこまれた生物のことを，外来生物と呼ぶ．外来生物というと，国外から運び込まれたものだけを考えがちだが，実際には，国内での移動であっても，本来の生息地ではない地域に運び込まれた生物は外来生物と呼ばれる．近年の流通手段や交通網の発達に伴う国内外での人や物の移動の活性化は，こうした外来生物が運び込まれる機会を増大させている．この運びこまれる機会，すなわち外来生物の導入（introduction）には，大きく二つの種類がある（図 5. 1）．一つは，「意図的導入（intentional introduction）」と呼ばれ，ある目的のために直接的に外来生物を持ち込むことを指す．たとえば，食材や毛皮等の生産を目的に養殖用の生物を輸入することや，害獣や害虫の生物的防除を目的にその天敵となる生物を外部から持ち込むことがこれに当たる．また，ペットとして動物を持ち込むこともこれに含まれる．もう一つは，「非意図的導入（unintentional introduction）」と呼ばれ，本来導入する意図はなかったにもかかわらず，人や物の移動に付随して間接的に外来生物が持ち込まれることを指す．たとえば，園芸や観賞用に持ち込まれた植物にまぎれて侵入した外来病害虫や，衣服や荷物にまぎれて侵入した外来植物種子などがこれに当たる．

意図的導入や非意図的導入によって持ち込まれた外来生物は，しばしば侵入

図5.1　外来生物の意図的導入および非意図的導入の例

地において野生化し，定着する．そして，定着した外来生物は，在来生物の捕食者や競争相手となったり，在来生物に寄生生物を媒介したり，在来生物と交雑したり，在来生物の生息環境を破壊したりと，程度の違いはあれど，直接または間接的に，侵入地の生態系に影響を与える．また，人に病気を媒介したり，傷を負わせたりするような健康衛生面での被害や，農林水産業における経済的被害をおよぼすなど，人の生活に影響をおよぼす外来生物も，少なからず知られている（図5.2）．

外来生物の中でも，とりわけ在来生物の生態系や人間活動を脅かすような種は，侵略的外来種（invasive alien species）と呼ばれ，警戒されている．国際自然保護連合（International Union for Conservation of Nature：IUCN）は，侵略的外来種の中でも，侵入した際に特に大きな影響が懸念される外来生物100種を「世界の侵略的外来種ワースト100」として公表し，その侵入や分布拡大に対して警鐘を鳴らしている．また，IUCNの侵入種専門家グループ（Invasive Species Specialist Group：ISSG）が管理するデータベース（Global Invasive Species Database：GISD, http://www.iucngisd.org/gisd/）には2020年現在，869種が侵略性の高い生物として掲載されている．日本では，2587種が日本に侵入したことのある外来生物としてリストアップされるとともに（国立環境研究所「侵入生物データベース」，https://www.nies.go.jp/biodiversity/

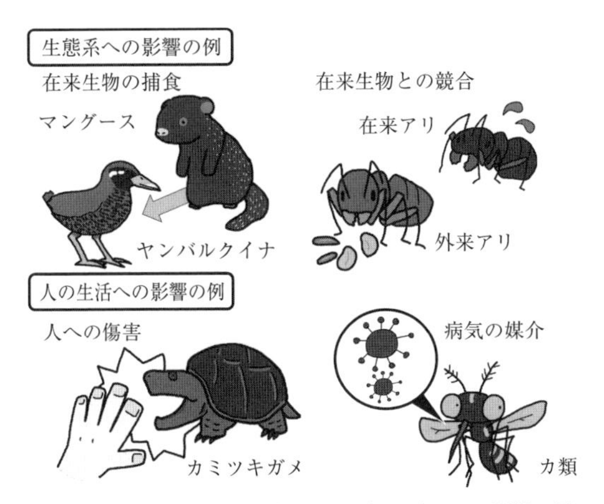

図 5.2　外来生物による生態系および人の生活への影響の例

invasive/)，日本生態学会によって，すでに日本に定着している外来生物のなかから，侵略性の高い種が選定され，「日本の侵略的外来種ワースト 100」としてとりまとめられている（日本生態学会，2002）．また，2014 年には，環境省によって，外来生物のうち，すでに日本に定着しているものや未定着のものを含む，429 種が生態系等に被害をおよぼすおそれのある種として「生態系被害防止外来種リスト」にとりまとめられ，警戒や対策に活用されるとともに，外来生物法に基づき，148 の生物群を「特定外来生物」に指定し，その取扱いの規制および防除をおこなっている．

外来生物のうち，公園や庭，畑などに植えられているような外来植物や，哺乳類や爬虫類といった外来動物など，いわゆる「目に入る」外来生物の多くは，何らかの利用を目的に意図的に導入されるものが多い．その一方で，「目に入らない」外来生物，すなわち，体の小さな昆虫類やダニ類，線虫類や菌類などの外来生物の大多数は，人に気づかれないまま，非意図的に導入されると考えられる（岡部ほか，2012）．なかでも，昆虫は非意図的に導入される外来生物の代表である．2020 年現在，GISD に掲載されている外来生物のうち，動物は 365 種で，昆虫はこのうちの 81 種を占めている．また，日本においては，上記の侵入生物データベースにリストアップされている外来生物のうち，動物は 955 種で，この約半数にあたる 487 種が昆虫によって占められている．昆虫には侵略的外来種としてみなされるものも多く，世界の侵略的外来種ワースト100のうちの14種，日本の侵略的外来種ワースト100のうちの22種は昆虫である．また，特定外来生物としても21種類の昆虫群が指定されている．

近年，森林においても，外来生物として導入された昆虫，特に樹木や木材を餌として利用する，または内部に営巣するような樹木に依存する昆虫の侵入や定着の実態がますます顕在化している．たとえば，アメリカでは450種以上，ヨーロッパでは400種以上の外来昆虫が樹木に依存する種として確認されている．前述したように，日本からは487種が外来昆虫として記録されているが，このうち，少なくとも127種は樹木（竹を含む）に依存する外来昆虫とみなすことができた（表5.1）．外来生物のすべてが生態系や人間活動に顕著な悪影響をおよぼすわけではないように，樹木に依存する外来昆虫のすべてが樹木に多大な悪影響をおよぼすわけではない．しかし，一部の種では深刻な被害を引き起こすこともある．日本においては，2012年に定着が確認され，サクラなどに大きな被害を与えているクビアカツヤカミキリが記憶に新しいこと

表5.1　日本における樹木や木材を餌として利用する，または樹木内部に営巣する昆虫の科ごとの種数
国立環境研究所侵入生物データベース掲載種に基づく．

目	科	種数
バッタ目	マツムシ科	1種
シロアリ目	ミゾガシラシロアリ科	1種
	レイビシロアリ科	2種
	オオシロアリ科	2種
カメムシ目	キジラミ科	1種
	ネッタイキジラミ科	1種
	コナジラミ科	2種
	アブラムシ科	7種
	ネアブラムシ科	3種
	ワタフキカイガラムシ科	2種
	コナカイガラムシ科	1種
	タマカイガラムシ科	1種
	カタカイガラムシ科	10種
	マルカイガラムシ科	22種
	セミ科	1種
	グンバイムシ科	1種
	ヘリカメムシ科	1種
	カメムシ科	1種
アザミウマ目	アザミウマ科	7種
	クダアザミウマ科	2種
コウチュウ目	タマムシ科	1種
	ナガシンクイムシ科	11種
	シバンムシ科	3種
	カミキリモドキ科	1種
	カミキリムシ科	11種
	ハムシ科	3種
	ゾウムシ科	3種
	ナガキクイムシ科	1種
ハエ目	タマバエ科	1種
	ミバエ科	1種
チョウ目	ホソガ科	1種
	スガ科	1種
	イラガ科	1種
	マダラガ科	1種
	ハマキガ科	4種
	メイガ科	1種
	スズメガ科	1種
	ヒトリガ科	1種
	ヤガ科	2種
	セセリチョウ科	1種
	シロチョウ科	1種
ハチ目	キバチ科	1種
	ハバチ科	2種
	タマバチ科	1種
	イチジクコバチ科	1種
	ミツバチ科	2種
	計	127種

図 5.3　サクラなど樹木を加害するクビアカツヤカミキリ

だろう（図 5.3）．そこで本章では，このような樹木に依存する外来昆虫に着目し，その侵入や定着の実態，森林や果樹，緑化樹などへの影響，そしてその侵入を未然に防ぐための対策について，国内外の例を挙げながら紹介したい．

5.1　侵入経路

環境省がまとめた生態系被害防止外来種リストに掲載されている植物や，哺乳類や爬虫類，鳥類といった動物の多くは，観賞用やペット用，食用や飼料用，緑化用などを目的とした意図的導入によるものであった（自然環境研究センター，2019）．一方，外来昆虫の場合は，生物的防除資材やポリネーターとして農業現場に導入されたものや，愛好家によって持ち込まれたものなど，一部の種を除き，ほとんどは非意図的に導入されたものとみなすことができた．樹木に依存する外来昆虫の場合，その侵入経路はさまざまだが，特に苗などの生きた植物の移動は，その植物を餌や住処とする多くの昆虫を，生きたまま一緒に運んでしまうことから，その主要な侵入経路となっている．たとえば，アメリカ農務省森林局の Andrew Liebhold 博士らがおこなった推定によると，アメリカにおいて特に大きな被害をおよぼしている，樹木に依存する外来昆虫 65 種のうち，47 種は生きた植物にまぎれて侵入した可能性があるという（Liebhold *et al.*, 2012；図 5.4）．生きた植物が，樹木に依存する外来昆虫の主要な侵入経路となりうることは容易に想像できるだろう．実際，生きた植物は，日本に限らず，諸外国でも重点的な検疫対象となっている．

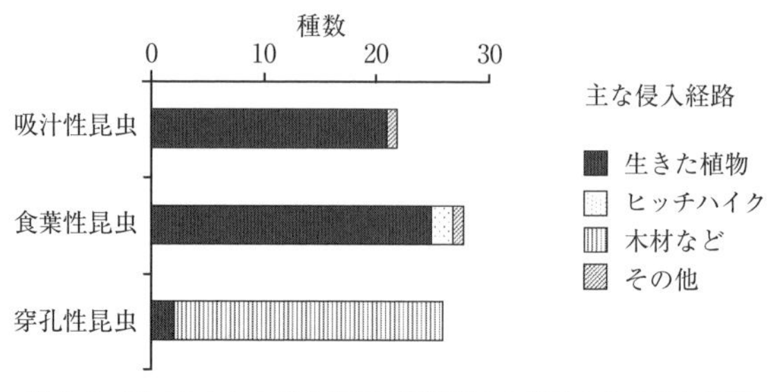

図5.4　アメリカにおける外来の森林昆虫の推定される侵入経路
Liebhold *et al.* (2012) をもとに作成.

一方で，丸太や製材，乾燥した植物を使った加工品，輸送品の梱包や緩衝材として使われるチップ材，木製パレットなどは，基本的に検疫の対象とならない場合が多い．ところが，実際はこれらも木材に穿孔する外来昆虫にとっては主要な侵入経路となりうる．Liebhold 博士らの上記の推定では，樹木に依存する外来昆虫 65 種のうち，14 種がチップ材などの木材にまぎれて侵入した可能性があるという．また，木材に穿孔しないものでは，土砂にまぎれて侵入したものや，船や飛行機，コンテナに密航して侵入したと考えられるもの（ヒッチハイカーと呼ばれる）が存在している．

もちろん，樹木への外来昆虫の意図的導入の例がないわけではない．そのほとんどは，樹木を加害する外来カイガラムシ類の天敵である外来テントウムシ類や，外来ガ類の天敵である外来寄生バチ類など，樹木（特に果樹）を加害する害虫に対する古典的生物的防除を目的に導入された捕食性や捕食寄生性の昆虫である（Kenis *et al.*, 2017）．だが，このようにして導入された昆虫の中には，標的として想定していなかった在来の昆虫に影響をおよぼすものも見つかっており，近年では慎重な判断が求められている（Hajeck *et al.*, 2016）．

5.2　定着

今日では，意図的にしろ非意図的にしろ，さまざまな経路を伝って，膨大な数の外来生物が日々押し寄せているのは間違いない．その一方で，実際に被害が確認されたという話を聞くことは，その押し寄せる量に比べれば少ないよう

に思えるかもしれない．一般的に，侵入した外来生物のうち，侵入地において個体群が根付き，定着できるものは10分の1ほどで，生態系や人間活動に影響を与えるような害をおよぼす種は，さらにその10分の1ほどになるという仮説がある（Williamson & Fitter, 1996；図5.5）．実際，前述のアメリカにおける樹木に依存する外来昆虫では，定着が確認されている455種に対し，被害をおよぼすような種は62種にとどまっているといわれている（Aukema *et al.*, 2010）．ただし，どの程度の被害をもって害をおよぼす種とみなすかの判断は難しいなどの理由のため，この仮説には異論も多い．いずれにしても，侵入した外来昆虫が定着し，何らかの被害をおよぼすようになるまでには，その種の生態や侵入地の環境など，さまざまな要素が関係している．

たとえば，一度に導入された個体数が多いほど，また導入された回数が多いほど，外来生物は侵入地に定着しやすいといわれている．実際，ニュージーランド森林研究所（SCION）のEckehard Brockerhoff博士らによると，外来カミキリムシ類に対して，過去100年以上の検疫における発見回数とその定着率を調べたところ，発見回数の多い種ほど，すなわち何度も導入された可能性が高い種ほど，定着率が高かったという（Brockerhoff *et al.*, 2014；図5.6）．

一時的に侵入に成功したとしても，個体数の少ない低密度の個体群では，ちょっとした環境の変化などにも影響を受けやすい．また，子孫をつくるための交配相手に出会える確率が下がるなどの要因で，1頭当たりの増殖率も低くなる．多くの場合，外来生物の侵入は偶然起こるものであり，ふつう1回あたりの侵入時の個体数は少ない．その結果，上記のような理由で，定着すること

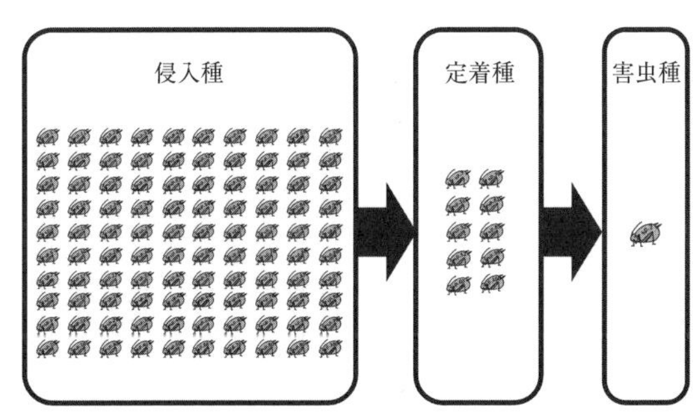

図5.5 侵入する外来種の種数に対する定着する種および害虫化する種の割合
Williamson & Fitter（1996）のThe tens ruleに基づく．

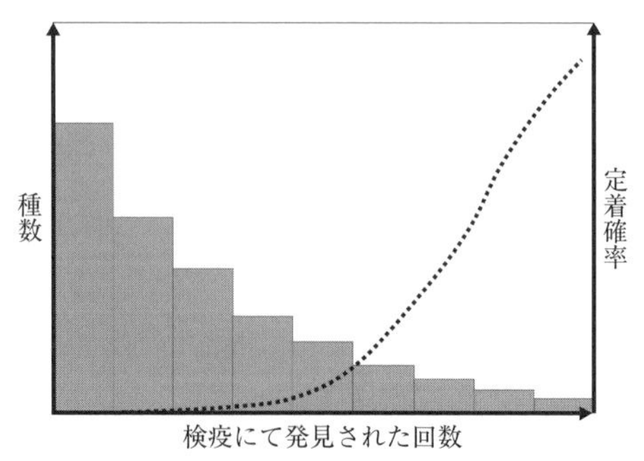

図5.6　カミキリムシ類における検疫にて発見された回数と定着率の関係
棒グラフは種数を，折れ線グラフは定着確率を表す．Brockerhoff *et al.* (2014) をもとに作成．

は難しい．逆にいうと，単為生殖によって増殖する生物は，交配相手を探す必要がないため，少なくとも交配相手に出会う確率が下がることによる増殖率の低下は避けやすいといえる．たとえばニュージーランドでは，外来昆虫のなかでアブラムシ類の種数が最も多くなっているが，これらの多くは単為生殖をおこなっているという（Brockerhoff & Liebhold, 2017）．

また一方で，侵入地において繁殖様式に変化が起きることもある．タマバチ科の1種 *Plagiotrochus amenti* は，コルクの原料や防砂林として使われるコルクガシ（*Quercus suber*）に寄生し，枝に虫こぶ（虫えい，ゴールとも呼ばれる）を形成する．虫こぶが形成された部分は枯死してしまうことが多く，害虫として扱われている．本種はもともと生息していた地中海西部では，両性生殖と単為生殖を交互に繰り返す世代交番（周期的単為生殖）による繁殖をおこなっていた．ところが，コルクガシがアメリカに導入された際，苗にまぎれて侵入したこのタマバチの個体群は，単為生殖のみをおこなうようになった（Garbin *et al.*, 2008）．

単為生殖以外にも，個体群の密度を高くするという意味では，その昆虫に集合性があるかどうかといったことも挙げられるだろう（Codella & Raffa, 1995）．また，成虫の飛翔性も重要な要素となる．飛翔性が高い昆虫は分散能力が高くなる一方，個体が散らばりやすいため，個体群の密度はおのずと低くなる．逆に飛翔性が低ければ，おのずと個体群の密度が高く保たれ，結果的に定着に成功しやすくなるかもしれない（South & Kenward, 2001）．

植食性の外来昆虫においては，そもそも侵入地に寄主となる植物が存在することも重要な要素となる．植食性昆虫は寄主特異性が高いものがほとんどで，単一の植物種か，もしくはそれに近縁な複数の植物種を餌としているためである．もとの生息地と侵入地が生物地理学的な関係性が高ければ，それだけもとの寄主に近縁な植物種が存在し，定着が成功する可能性も高くなるだろう（Yamanaka *et al.*, 2015）．本来寄主となる植物が自生していないような地域でも，植栽された外来樹が侵入した外来昆虫の寄主となり，定着を促す場合もある．たとえば，2010年に沖縄への侵入が発見されたタイワンハムシ（*Linaeidea formosana*）は人工林の増加により分布を拡大した種として知られている．本種は台湾にのみ自生するタイワンハンノキ（*Alnus japonica* var *formosana*）の葉のみを食害する．このため，タイワンハンノキがなければ定着は難しいが，沖縄島北部ではこの木が多数植栽されていたため，侵入したタイワンハムシが定着し，多くの枯死木が発生しているという（槙原，2014b）

このほかにも，もとの生息域を大きく離れた侵入地には，侵入した種を特異的に獲物とするスペシャリストの天敵がいない場合が多いことや（Colautti *et al.*, 2004），撹乱が多い環境には，天敵が少ないだけではなく，餌や住処を競合する相手も少ない場合が多い（Pawson *et al.*, 2008）ことなどが，外来生物の定着に有利に働く要因として挙げられる．また，意図的にしろ非意図的にしろ，外来生物を持ち込むのは人間であり，侵入した外来生物が最初にたどり着くのも，多くは人の生活圏である．人間活動がおこなわれている環境は撹乱も多く，おのずと外来種の定着も多くなる．

5.3 害虫化

定着した外来生物のすべてが，人間活動に深刻な被害をもたらすわけではないが，人の生活圏に定着した昆虫は，多かれ少なかれ，害虫とみなされることが多いのも事実である．

樹木に依存する外来昆虫においては，果樹や緑化樹，そして木材生産などを目的に植えられた樹木および生産した木材などがその被害の中心となる．特に，外来樹を植えていた場合，それを寄主とする昆虫が侵入すると，天敵がいない環境で爆発的に侵入昆虫が増えて被害をおよぼすことがある．たとえば，北アメリカ原産のラジアータマツ（*Pinus radiata*）は，製材やパルプ材などの生産を目的に，ヨーロッパや，チリ，オーストラリア，ニュージーランド，南アフリカといった南半球の諸国に導入された．南半球の諸国には，もともとマツの仲間が自生しておらず，潜在的なマツの害虫が存在しなかったためか，当初あまり多くの害虫被害にはあわなかった．ところが，ヨーロッパ原産のマツの害虫であるノクチリオキバチ（*Sirex noctilio*）が，これら南半球の地域に非意図的に導入されると，天敵の不在もあって，このハチに抵抗性のないラジアータマツは著しい被害を受けた（Hurley *et al.*, 2007；図5.7）．同様の事例は，ヨーロッパに導入された針葉樹においても見られる．ヨーロッパには自生しないトウガサワラ属（*Pseudotsuga*）やヒノキ属（*Chamaecyparis*），スギ属（*Cryptomeria*）の樹種は，導入後もほとんど害虫による被害を受けなかった．ところが，トウガサワラ属の1種では，自生地において種子の害虫として存在していたオナガコバチ科の1種（*Megastigmus spermotrophus*）が非意図的に導入されると，自生地で見られていた以上の被害を出すようになったという（Roques *et al.*, 2006）．

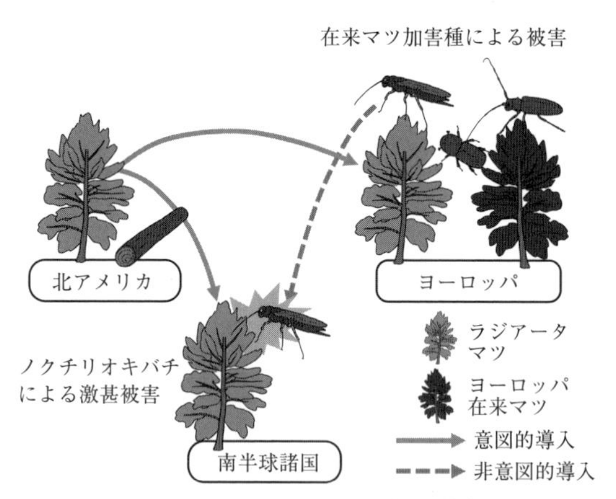

図5.7　ラジアータマツの導入と被害
マツ類が自生するヨーロッパでは在来のマツ加害昆虫が導入したラジアータマツを加害するようになり，これらに抵抗性の弱いラジアータマツでは被害が拡大した．マツ類が自生しない南半球では，ヨーロッパから非意図的に導入されたノクチリオキバチが，天敵の不在のもと，著しい被害を引き起こした．→口絵10

外来樹を持ち込むことで，在来の昆虫が害虫化することもある．北アメリカからヨーロッパに導入されたラジアータマツは，ヨーロッパでもともとマツ類を寄主としていた昆虫によって多数加害され，この被害は，ヨーロッパに自生する他のマツ類で通常見られる被害より，明らかに大きかったという(Roques *et al.*, 2006；図5.7)．これは，導入された樹種が，導入地の森林昆虫に対する抵抗性を持っていなかったことなどが要因と考えられる．

人の生活圏に定着した外来昆虫は目立ちやすく，害虫として扱われやすい．逆にいうと，森林のような，人間活動が活発でない地域における外来昆虫の影響はわかっていない場合が多い．一般的に，市街地や農地，人工林のような定期的に撹乱の起こる場所に比べて，森林のような多様な植物や動物によって安定した生態系が構築されている場所では，外来昆虫が定着することは難しいといわれる．実際に，表5.1に挙げた127種の日本における樹木に依存する外来昆虫のうち，天然林での顕著な被害報告が認められた種は見当たらなかった．とはいえ，天然林への外来昆虫の影響がないわけではない．天然林であっても樹木の種構成が比較的単純な森林では容易に被害は起こりうる．また，種構成が複雑であっても，広食性のガ類の幼虫ではしばしば大発生に伴う大規模な森林被害が報告されている．なかでも19世紀中頃にヨーロッパからアメリカ北東部に意図的に持ち込まれて，野外に逸出したマイマイガ（*Lymantria dispar*）による食葉被害は有名で，アメリカ農務省森林局の公表データによると，2000年から2018年までだけでも，約700万haもの森林が被害にあっている(図5.8)．

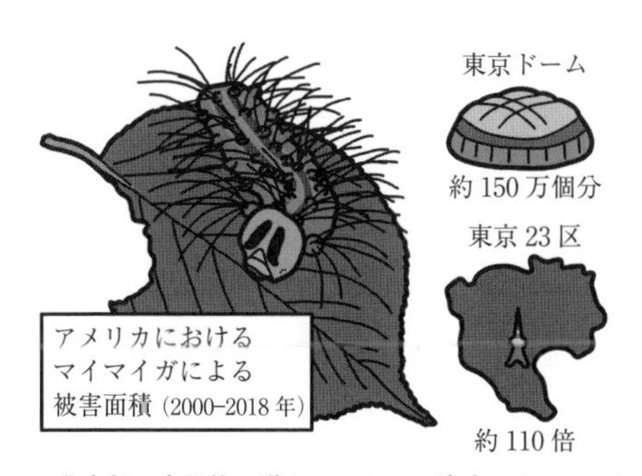

図5.8　アメリカ北東部に意図的に導入されたのち逸出したマイマイガによる被害

5.4　間接的な影響

樹木に依存する外来昆虫の影響は，単に樹木への食害のような害虫化による直接的な影響だけにはとどまらない．たとえば，上記のマイマイガによる大規模な食葉被害が起こると，在来種であるカナダトラフアゲハ（*Papilio canadensis*）の個体群が減少することが知られている（Redman & Scriber, 1994）．これには餌や住処の競合のみならず，マイマイガがいることで2種を共通して利用する捕食寄生者による寄生率が増加したことなどが要因として考えられている．また，マイマイガによって葉がなくなった森では，そこに棲む鳥の巣が，捕食者によって襲われやすくなる可能性があることが，人工的に作った巣を使った実験によって確かめられている（Thurber *et al.*, 1994）．このように，樹木に依存する外来昆虫は，森林を介して間接的にさまざまな生物に影響をおよぼすことがある．

しかし，上記のような間接的な影響の多くは見逃されやすいかもしれない．たとえば，2006年に日本での定着が確認されたタイワンタケクマバチ（*Xylocopa tranquebarorum*）は竹に穴をあけて営巣するが，その直接的な影響としては，竹材としての価値の低下のほか，竹の中に巣があることに気づかないことで，人が刺されるという健康被害が懸念されている．同時に，見逃してしまいそうな間接的な影響として挙げられるのが，クマバチに便乗しているダニへの生態的な影響である．日本在来の5種のクマバチにはクマバチコナダニ（*Sennertia alfkeni*）が便乗していることが知られている．日本に定着したタイワンタケクマバチからは，これとは異なった種のクマバチコナダニの便乗が確認されており，タイワンタケクマバチの外来クマバチコナダニが日本在来のクマバチに乗り移ることで，在来クマバチコナダニとの競合を起こす可能性や，寄主である在来クマバチへの影響が懸念されている（岡部，2010；図5.9）．

外来昆虫の定着が，別の昆虫による被害を助長する場合もある．たとえば，オーストラリアのクリスマス島に定着した外来のアシナガキアリ（*Anoplolepis gracilipes*）が，樹上のカイガラムシと共生関係を作り，カイガラムシを保護するようになったことで，カイガラムシの個体群密度の増加およびそれに伴う

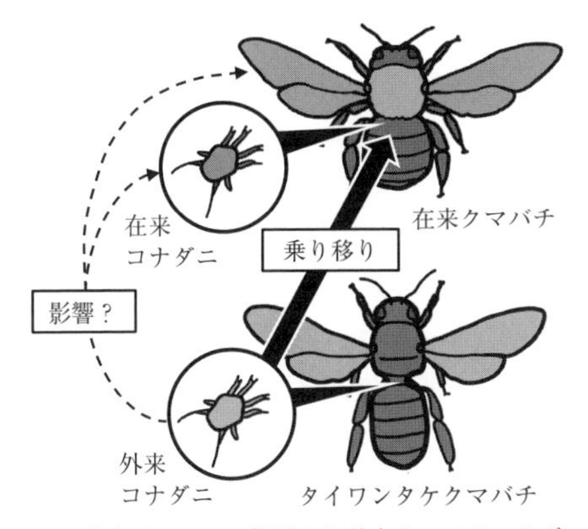

図 5.9　外来クマバチに便乗した外来クマバチコナダニの在来クマバチへの乗り移り

すす病の発生を引き起こし，その寄主植物の衰退を招いた例が知られている (O'Dowd *et al.*, 2003)．樹木に依存する外来昆虫においても，このような影響を引き起こしている種が存在する可能性は十分に考えられる．

5.5　樹木の害虫となったさまざまな外来昆虫 

ここまで樹木に依存する外来昆虫の侵入経路，定着や害虫化にかかる要素，その影響などを見てきた．では具体的に，どのような外来昆虫が樹木の害虫として存在し，在来生態系や人間活動に影響を与えているのだろうか．以下では，日本で知られている種を中心に，穿孔性昆虫，吸汁性昆虫，食葉性昆虫，虫こぶ形成昆虫の別に，いくつかの種を取り上げ，その侵入から被害をおよぼすまでの実態をみていきたい．

5.5.1　穿孔性昆虫

樹木や材の内部に潜り込んで内部を食害する穿孔性昆虫には，カミキリムシ類やキクイムシ類，タマムシ類などのコウチュウ目の昆虫のほか，シロアリ類やキバチ類，一部のチョウ目の昆虫などが含まれる．その多くは，木材や木製の梱包材（図 5.10）などに随伴して非意図的に導入されると考えられている．

穿孔性昆虫の代表であるカミキリムシ類は，幼虫が生木の内部を食害し，木

図5.10　梱包用に用いられる木製パレット
出典：Pixabay.

の衰弱や枯死を引き起こすといった被害をおよぼす場合がある．ツヤハダゴマダラカミキリ（*Anoplophora glabripennis*）はもともと中国から朝鮮半島に生息し，ヨーロッパやアメリカに侵入および定着した（Hu *et al.*, 2009）．本種は侵略的外来種として，世界の侵略的外来種ワースト100にも取り上げられている種で，カエデ属，トチノキ属，カバノキ属，ハコヤナギ属などさまざまな樹種を寄主とする．このため生息環境は，植林地から果樹園，市街地の緑化樹など，幅広い．日本にも侵入例があるが，2020年現在のところ，定着は確認されていない．本種は梱包用の木材に随伴して，世界中に分散したと推定されている（槙原，2003）．日本にも確実に定着は可能であることから警戒が必要で，定着した場合，日本在来のゴマダラカミキリ（*Anoplephora malasiaca*）との競合による生態的な影響や，日本からの木材の輸入規制による経済的な影響などにつながるおそれがある．

また，クビアカツヤカミキリ（*Aromia bungii*, 体から強い芳香臭を発することからクロジャコウカミキリとも呼ばれる）は，2012年に日本国内での定着が確認され，果樹やサクラなどの緑化樹を中心に被害が発生している．もともと中国から台湾，ベトナムにかけて生息し，日本のほか，ドイツやイタリアなど，ヨーロッパにも侵入している．日本では愛知県で初めて定着が確認されたのち，各地で本種による被害が報告されている（岩田，2018）．また，本種はサクラ類以外にも，ウメやモモ，カキ，オリーブなども加害することから，農地での被害拡大が懸念されている種でもある．本種もツヤハダゴマダラカミキリと同じく，梱包用の木材に随伴して侵入すると考えられている．それ以外に，苗木や伐採木の移動に伴って分布を拡大する可能性もあるため，国内での分布拡大を防ぐ上でも，定着地からの苗木や伐採木などの移動には十分に注意を払う必要がある．

侵入地において大発生し，深刻な害虫と化した穿孔性の外来昆虫の例として，北アメリカにおけるアオナガタマムシ（*Agrilus planipennis*）が挙げられる．本種はもともと日本を含むアジアに生息していたが，梱包用の木材に随伴して北アメリカに侵入したと考えられている（伊藤，2015）．現地ではエメラルド・アッシュ・ボーラー（Emerald Ash Borer：EAB）という名前で知られ，緑化樹などとして導入され，広域に植栽されているトネリコ属の木を枯らす大害虫となっている．ところが，アジアにおける本種の被害状況は異なる．中国ではトネリコ属の害虫としてよく見られる種であるものの，北アメリカのような大発生はしていない．また，本種は日本にも在来種として生息しているが，日本では県によっては絶滅危惧種に指定されているような場合もあるほど，稀な種だという（槇原，2014a）．もともと北アメリカには豊富なトネリコ属の樹木があったことに加え，そういった北アメリカ在来のトネリコ属がアオナガタマムシに強い抵抗性を持っていなかったことや，天敵の不在が，北アメリカでの大きな被害をもたらしたと考えられている（Bauer *et al.*, 2014）．

穿孔性の外来昆虫が外来の病原体を媒介する場合もある．南半球の諸国に植栽された北アメリカ産のラジアータマツやテーダマツに寄生するノクチリオキバチは，産卵時に共生菌（*Amylostereum areolatum*）と樹木に有毒なミューカスと呼ばれる粘液を注入することで，樹木の枯死を招く（Hurley *et al.*, 2007）．また，在来昆虫であっても外来の病原体を媒介する場合もある．「松くい虫」の正体として知られ，マツの枯死現象を引き起こす外来生物のマツノザイセンチュウ（*Bursaphelenchus xylophilus*）は，日本在来のマツノマダラカミキリ（*Monochamus alternatus*）によって媒介され，日本国内のマツ林に壊滅的な被害を与えてきた（Kanzaki & Giblin-Davis, 2018）．これについては終章で詳しく触れている．

穿孔性昆虫は材木などにも容易に潜り込んで侵入することから，家屋害虫と

図5.11　気乾材に穿孔するアメリカカンザイシロアリ（左）およびヒラタキクイムシ（右）
→口絵11

して人間活動に影響を与える場合もある．日本において外来昆虫として知られるヒラタキクイムシ（*Lyctus brunneus*）およびアフリカヒラタキクイムシ（*Lyctus africanus*）といったヒラタキクイムシ類や，アメリカカンザイシロアリ（*Incisitermes minor*）のようなカンザイシロアリ類は，気乾材（自然乾燥状態の材，含水率15％程度）内でも生存可能なことから，建築材や家具などに容易に随伴して分布を拡大する（大村，2009；図5.11）．食害によって材の内部を空洞化してしまうため，材の耐久性の低下など，実害をおよぼす場合がある．

5.5.2　吸汁性昆虫

植物にストロー状の口吻を突き刺し，樹液を摂取する吸汁性昆虫は，カイガラムシ類やアブラムシ類などのカメムシ目およびアザミウマ目の昆虫によって構成されている．苗などの生きた植物に随伴して導入されることが多いとされ，その多くは農地における果樹や市街地における園芸木の害虫として認識されている．アメリカやニュージーランドなど，多くの国において，樹木に依存する外来昆虫として，もっとも多くの種の侵入，定着が確認されているグループである．果樹害虫となりうることから，数多くの導入天敵が用いられてきたグループでもある．

カイガラムシ類において，日本で侵入害虫としてよく知られた種に，イセリアカイガラムシ（*Icerya purchasi*），ルビーロウムシ（*Ceroplastes rubens*）が挙げられる（Takagi, 2003；図5.12）．イセリアカイガラムシは，もともとオーストラリアに生息していたが，苗木とともに世界各地に分散したもので，カンキツ類のほか，広範な樹種に寄生する．日本には1908年に侵入したとされている．天敵昆虫を使った生物的防除の成功例としても知られ，オーストラリアから導入されたベダリアテントウ（*Rodolia cardinalis*）によって密度抑制に成功した．ルビーロウムシは，カンキツ類のほか，ゲッケイジュ，モチノキ，ツバキ，サザンカなどさまざまな樹木に寄生する．天敵の少ない都市環境で多発すると，すす病を誘発して深刻な被害をもたらす．また，この2種以外にも，カンキツの害虫であるヤノネカイガラムシ（*Unaspis yanoensis*）は，日本の侵略的外来種ワースト100にも入れられている．

1990年以降になって，北海道で分布を拡大させた外来カイガラムシとして，イチイカタカイガラムシ（*Parthenolecanium pomeranicum*）が知られている（尾崎，1996）．本種はヨーロッパ原産であるが，他の外来カイガラムシ類同様，苗木とともに非意図的に導入され，イチイの人為的な移動に伴い，分布を拡大したと考えられている．多くのカイガラムシ同様，本種の加害を受けたからといって木が枯れることはないが，カイガラが2年以上にわたって枝や葉に残るため，園芸木として用いられるイチイでは景観上問題となる．また，イチイには，在来のカイガラムシ類も寄生する．これらのカイガラムシ類は在来種ではあるものの，害虫としてみなされるのが普通だが，たとえ害虫であって

図5.12　イセリアカイガラムシ

も，外来カイガラムシと在来カイガラムシの間で競合が起きている可能性は考えるべきかもしれない．

一方，日本における外来アブラムシ類のうち，樹木を加害するものとしては，リンゴワタムシ（*Eriosoma lanigerum*），ブドウネアブラムシ（*Viteus vitifolii*）など，少なくとも10種が認められる．リンゴワタムシは名前の通り，リンゴの害虫として知られる北アメリカ原産の種で，枝や幹，地上に露出した根の部分などを加害する（福島，1960）．加害された部位は，こぶ状に膨らむため，根に加害された場合は樹勢が悪くなることが知られている．本種に対しては，ワタムシヤドリバチ（*Aphelinus mali*）が天敵としてアメリカから導入されている．ブドウネアブラムシも同じく原産はアメリカで，ブドウの苗木に随伴して，ヨーロッパをはじめとした各国に侵入した（Granett *et al.*, 2001）．ブドウの葉または根にこぶを形成することで，ブドウの生育を阻害し，枯死させることで深刻な害虫となった．翅のない雌のみによっておこなわれる単為生殖と，翅をもった雌雄によっておこなわれる有性生殖がみられる．日本にも侵入が確認されたが，抵抗性の高い品種を台木として接ぎ木することで被害をおさえることに成功している．

樹木からも寄生被害が報告されている外来アザミウマ類の中では，ミカンキイロアザミウマ（*Frankliniella occidentalis*）とミナミキイロアザミウマ（*Thrips palmi*）が，ともに日本の侵略的外来種ワースト100に選出されている．前者は北アメリカ，後者は東南アジアが原産地とされている．果樹をはじめ，さまざまな野菜や花卉を吸汁する（宮崎・工藤，1988）．

5.5.3　食葉性昆虫

日本の樹木に依存する外来昆虫のうち，食葉性のものはチョウ目が主で，ハムシ類やゾウムシ類からなるコウチュウ目がそれに続く．その他ハバチ類やマツムシ類が記録されている．その多くは，餌となる苗などの生きた植物や卵が付着した物の運搬などによって，非意図的に導入されたと考えられている．葉を食害するため，見た目上の被害としては一番目立ちやすいグループといえるだろう．

アメリカシロヒトリ（*Hyphantria cunea*）は，もともと北アメリカに生息するガの一種で，日本には終戦直後にアメリカ軍の物資などに紛れて侵入したと考えられている（五味，2002）．加害する樹種は600種以上におよび，サクラ，プラタナス，アメリカフウなど，市街地を中心にみられる緑化樹の害虫となっている．

逆に，日本では在来種であるが，北アメリカで深刻な被害をおよぼしている種に，マイマイガが挙げられる（図5.13）．本種は世界の侵略的外来種ワースト100にもリストされている．周期的に，あらゆる樹木の葉を食害し，丸裸にしてしまうほどの大発生を起こすことが知られている（Tobin *et al.*, 2012）．北アメリカで被害をおよぼしているマイマイガは，ヨーロッパ型マイマイガ（European Gypsy Moth：EGM）であり，養蚕実験を目的に意図的に持ち込まれたものが野外に逸出したということが判明している．日本やアジアに分布するマイマイガは，アジア型マイマイガ（Asian Gypsy Moth：AGM）と呼ばれ，ヨーロッパ型と比べて，広い寄主範囲と高い分散力を有しているといわれている．船舶内やコンテナ内などで卵塊が発見されるなど，ヒッチハイクによる侵入事例が確認されており，このため，アジアから北米への船舶を介した輸出物には厳しい検疫の措置がとられている．

日本在来でありながら，日本のもともと生息していない地域へ非意図的に導入され，被害が顕在化したものもいる．カラマツイトヒキハマキ（*Ptycholomoides aeriferana*）とカラマツハラアカハバチ（*Pristiphora erichsoni*）などはその一端だ．本州中央部の高標高地に自生するカラマツ（*Lalix leptolepis*）は，

図5.13　マイマイガの幼虫

図 5.14　アオマツムシ

寒冷に強いことから，北海道の造林に盛んに使われた．その苗木に随伴してこれらの昆虫が導入され，北海道では造林上重要な害虫と化した．前者は，幼虫が糸によってカラマツの葉を束ねてトンネルをつくり，その中を摂食する．被害部は褐変して枯死し，しばしば大発生して葉を食い尽くすこともある．後者も幼虫がカラマツの葉を摂食する．単為生殖によって増殖し，大発生を繰り返す（上条，1981）．

アオマツムシ（*Truljalia hibinonis*）は，日本においてはバッタ目として唯一記録されている樹木と関連する外来昆虫であり，苗木などに産卵された卵が持ち込まれることで侵入したと考えられている（図 5.14）．1898 年に東京で発見され，現在では九州から岩手県以南に至るまで，分布を拡大している．緑化樹などでしばしば大発生するほか，カキやナシなどの果樹の害虫として扱われることもある．同じくサクラなどを加害するアメリカシロヒトリが薬剤防除によって勢力を抑えられたことで，防除圧が弱まったのち，本種の増殖が促進されたとも考えられている（中田ほか，2008）．

5.5.4　虫こぶ形成昆虫

昆虫による物理的・化学的刺激によって，植物に誘導形成される異常発達構造のことを虫こぶと呼ぶ．タマバエ類，タマバチ類，アブラムシ類，キジラミ類などが代表的な虫こぶ形成昆虫として知られている．虫こぶには，虫が虫こぶの壁に完全に覆われた密閉型とそうではない開放型のものがある．密閉型の虫こぶでは，植物体が枯れた後も虫こぶ内で昆虫が一定期間生存している場合があり，苗木など生きた植物に限らずとも，植物体と一緒に容易に運ばれてしまうことがある．

タマバチ科は密閉型の虫こぶをつくる代表的な虫こぶ形成昆虫である．なかでも，日本に限らず世界的に猛威を振るっているものとして，クリタマバチ（*Dryocosmus kuriphilus*）が挙げられる．本種はもともと中国に生息していたと考えられており，クリ（*Castanea crenata*）などクリ属のいくつかの樹種に虫こぶ（クリメコブズイフシ）を誘導形成する（図5.15）．虫こぶは若芽につくられ，春の芽吹き直後から徐々に顕在化する．虫こぶと化した芽は通常それ以上伸長せずに，タマバチ成虫の脱出後に枯死するため，樹木の衰弱や果実の減収を引き起こす（村上，1997）．本種は，密閉型の虫こぶによって苗木とともに容易に侵入する．しかも単為生殖のみで繁殖するため，定着も容易と考えられる．このため，日本を含むアジア各国のほか，北アメリカやヨーロッパにて，クリの深刻な侵入害虫となっている．本種の防除には，抵抗性品種の利用のほか，原産地と考えられている中国にて発見されたチュウゴクオナガコバチ（*Torymus sinensis*）による生物的防除が試みられ，成果を上げている．

タマバエ類では，マンゴーハフクレタマバエ（*Procontarinia mangicola*）が，日本における樹木に依存する外来昆虫として見つかっている（湯川ほか，

図5.15 クリタマバチによる虫こぶ

2004)．2000 年以降，沖縄や奄美への侵入が確認された本種は，マンゴーの葉に火ぶくれ状の虫こぶを形成する．果実への被害はないが，大発生時には新葉が加害されて落葉することで，つぼみの数が減り，果実の収量が落ちる．日本のほかは，中国やグアムでも記録されているが，日本への侵入経路は明らかになっていない．

5.6　蔓延を防ぐ対策

これまで述べてきた外来昆虫の事例からもわかるように，外来生物は，さまざまな形で，侵入先の生態系や人間活動に影響をおよぼす．グローバル化による人と物の流通経路の拡大を止めることが現実的ではない以上，どのようにこれを防いだらよいのだろうか．

外来生物の定着や定着後の蔓延を防ぐためには，侵入初期段階での早期発見による迅速な対応が必要となる．これにはまず，外来生物の侵入および定着を，四つの段階に分けて考えることが重要とされる（赤坂・五箇，2012）．第 1 の段階である「輸送（transport）」は，人間によって外来生物が運ばれる段階を指す．これには意図的なもの，非意図的なものが含まれる．第 2 の段階である「導入（introduction）」は，たとえば，非意図的に導入された外来生物が，その随伴物から離れ，野外に逸出する段階と考えることができる．第 3 の段階である「定着（establishment）」は，野外環境にて外来生物が繁殖し，個体

図 5.16　定着した外来アリの拡散防止を呼びかけるために設置された看板（オーストラリア）

群を存続させる状態を指す．そして第4の段階である「拡散（spread）」は，定着した外来生物の個体群が，最初の定着地から離れた場所でも繁殖し，個体群を存続させる状態を表す．「輸送」から「導入」までの段階は検疫などによる予防策が効果的な対応となる．「定着」に至ったものについては，トラップや薬剤防除などによる根絶策がとられる．「拡散」の段階に至ったものについては，初期なら根絶に向けた封じ込め策（図5.16），封じ込めが不可能なほど蔓延した場合は，被害を抑えるよう緩和策がとられる．

「定着」の段階までに発見できず，「拡散」まで至ると，実質，その外来生物の根絶は非常に厳しいものとなる．これについては，日本でも外来生物として有名なセアカゴケグモやオオクチバスなどの蔓延状況からも想像できることだろう．一度蔓延した外来生物を根絶するのは大変で，被害を許容範囲内に抑えるだけでも莫大な人的，金銭的コストが必要となる．まして根絶となると，ほとんど成功事例がないとされる．たとえば，アメリカで猛威を振るうマイマイガの対策には2000年以降だけで1億ドル以上が費やされている．すなわち，外来生物による被害を防ぐ上で，最も重要なのは「導入」までの段階における対策である．非意図的導入が主たる侵入経路である外来昆虫の定着を防ぐには，随伴対象となりうる物に対して，国内に持ち込む前に検査し，駆除などの必要な処置をとる検疫と，港湾や空港周辺の緑地や苗木を導入する農地など，定着リスクの高いエリアで野外への逸出を早期に検出するための目視やトラップなどを用いたモニタリングが，具体的な方策として挙げられる．

世界的に最も厳しい検疫制度を採用している国の例として，オーストラリアとニュージーランドが挙げられる．これらの国は，外来生物の意図的導入については，リスク評価に基づく安全性の確認がなされている種のみを導入するというホワイトリスト方式を採用している．つまり，原則的にすべての生物の意図的な持ち込みや持ち出しが禁止されている．外来生物の非意図的導入についての対策でも先進的な取り組みが多くみられ，たとえば，モニタリングの手法の一つとして，マルチルアートラップが試みられている（図5.17）．これはいわゆるフェロモントラップの一形態として知られているもので，通常のフェロモントラップが，一つのトラップに特定の一種を対象としたルアー（誘引剤）を取り付けておこなうのに対し，マルチルアートラップでは，一つのトラップ

図 5.17　複数種を対象とした誘引剤をとりつけたマルチルアートラップ

に，複数種類のルアーを取り付ける．この際，ルアー間の化学干渉の程度を事前に考慮する必要があるが，一つのトラップが一度に捕獲できる対象種を拡大することで，トラップの設置や回収にかかる時間的，金銭的コストの削減が期待できる（Brockerhoff *et al.*, 2013；Chase *et al.*, 2018）.

検疫においては，ニュージーランドやオーストラリアで導入されているような，原則としてリストに掲載している生物以外の導入を禁止するホワイトリスト方式に対し，日本でも採用されているブラックリスト方式がある．この方式では，原則的に外来生物の導入は自由であり（ただし導入元となる国や地域の関係法令は順守する必要がある），リスク評価によって選定された生物の導入のみを法律によって禁止する．日本ではこれを外来生物法，植物防疫法，家畜伝染病予防法などによって規定している．特に在来生物を捕食したり，在来生物と生態的に競合したり，在来生物と交雑したりといった生態系基盤への影響が大きい種や，人の健康や農林水産業への影響が大きい種は，本章で最初に述べたような特定外来生物に指定され，飼育や運搬が原則禁止されている．樹木に依存する外来昆虫としては，2018 年にクビアカツヤカミキリが特定外来生物に指定されている．日本はブラックリスト方式であるが，昆虫の場合，特定外来生物でなくとも，植物防疫法の規定により，有用な植物を害する可能性のある種を生きたまま持ち込むことは禁止されている．したがって，植物への加害性がよく知られていない種の場合でも，意図的に持ち込む場合には規制の対象となるかどうかの判定が植物防疫所によってなされている．なお，これまでの判定結果は，「生きた昆虫・微生物などの規制に関するデータベース」

(http://www.pps.go.jp/rgltsrch/) にまとめられている.

意図的な導入の場合には事前の判定が可能だが，樹木に依存する外来昆虫の侵入経路の多くは非意図的導入である．その侵入の多くは，5.1 節で述べたように，苗木などの生きた植物や木材やその加工品，さらに木製の梱包材などへの随伴によって起こると考えられている．日本の場合，植物防疫法に基づく植物検疫によって，苗や穂木，未加工の木材などは検疫の対象となっている一方，製材やそれを使った加工品は対象となっていない．これは，5.5 節で紹介した穿孔性昆虫，吸汁性昆虫，葉食性昆虫，虫こぶ形成昆虫の別で考えると，生きた植物への随伴が主と考えられている吸汁性昆虫や食葉性昆虫，虫こぶ形成昆虫は，植物検疫によって発見される可能性が高いことを示している．ただし，検疫は基本的には全数検査ではなく，サンプル抽出によっておこなわれるため，検疫を免れるものも当然あらわれる可能性がある．また，穿孔性昆虫も，未加工の木材に穿孔しているものは植物検疫によって発見される可能性があるが，製材などの加工品内に穿孔し，孔内で生存可能な種では，検疫対象となることすらなく侵入してしまう可能性がある．上記のような，検疫では発見が困難な種の侵入を早期に検出するためにも，外来昆虫の侵入および定着が警戒される地域でのモニタリングは必須といえる．

トラップや目視調査によるモニタリングでは，警戒すべき外来昆虫以外にも，多くの在来昆虫が見つかる．そのため，発見された昆虫が，外来昆虫であるか，在来昆虫であるか，外来昆虫の中でも駆除などの検疫対象となる有害虫であるかどうかなど，その識別ができなければ迅速な検出や駆除などの対応はできない．また，外来か在来かを判断するためには，前提として，もともとその国や地域にどのような昆虫が在来種として生息しているかといった基礎情報も構築しておく必要があるだろう．そのうえで，外来昆虫の侵入や定着にいち早く対応するためには，迅速かつ精確な同定技術が必要となる．しかし，昆虫の形態的特徴だけで同定をおこなうには，専門的な知識を要する場合が多く，またサンプルによっては，体の一部しか手がかりがなかったり，排出物のような痕跡しか得られなかったりと，同定が困難な場合が多々生ずる．そこでこのような難同定サンプルでも，迅速かつ精確な同定を可能とする方法として，DNA バーコーディングが挙げられる．これは，検疫の対象となる種に特有の DNA 情報（DNA バーコード）をあらかじめ解析しておき，検疫対象の DNA バーコードがこれと一致するかどうかで種を同定する方法である．ただし，この DNA バーコードの解析には，高額な機器が必要であるうえ，検体ひとつの解析に時間もかかるため，検疫の最前線での使用には限界がある．そこで，さまざまな簡易検査手法も開発されている．たとえば，PCR-RFLP（polymerase chain reaction restriction fragment length polymorphism）法や LAMP（loop-mediated isothermal amplification）法が挙げられる．PCR-RFLP 法は，対象から抽出した DNA の一部をサーマルサイクラー等の機器を用いて増幅し，制限酵素で処理し，電気泳動像から種の判別をおこなう方法である．一方，LAMP 法は対象から抽出した DNA とプライマーなどからなる試薬を混合して，60～120 分ほど 60～65℃ の一定温度に保つ処理を施し，混合液の蛍光（もしくは濁り）の有無を見ることで種の判定ができる．後者は，サーマルサイクラーすら必ずしも必要とせず（電気ポットなどでも代用可能），迅速に判定ができるうえ，検出感度も高い．実際に，外来種のアメリカカンザイシロアリやヒラタキクイムシなどでは，LAMP 法によってフラスなどの排出物から種を判定することにも成功しており，木製品に穿孔した外来昆虫であっても，製品を壊すことなく検出可能となることが期待されている（Ide *et al.*, 2016ab；図 5. 18）．

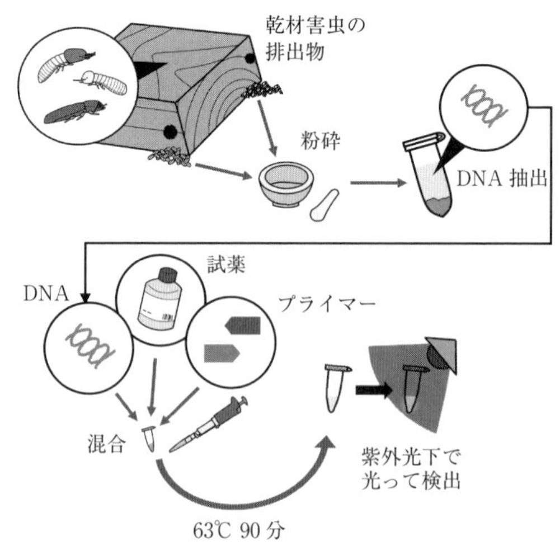

図 5. 18　LAMP 法による乾材害虫の排出物からの検出イメージ

おわりに

世界中の研究成果をもとに政策提言をおこなう政府間組織であるIPBES（生物多様性および生態系サービスに関する政府間科学–政策プラットフォーム）では，現在，日本を含む40か国以上から選抜された70名以上の研究者によって，侵略的外来種が生物多様性や生態系サービス，人間活動におよぼす影響，さらにその管理方法などに関する評価の取りまとめが進められている．このことに代表されるように，樹木に依存する外来昆虫を含む外来生物の問題は，国際流通の増加にともなって今後ますます増大すると考えられる．一方で，その侵入経路や侵入地における野外生態への影響は，経済上重要な種などを除き，多くの場合把握されていない．たった一人が気付かずに外来生物を持ち込んだために，在来生態系が壊滅的な被害を受けることも起こりうる以上，上記の評価やすでに報告されている外来生物に関する数々の研究報告を基盤に，外来生物の問題を社会全体で理解し，一丸となって対策していくことが必須であるだろう．

引用文献

赤坂宗光・五箇公一（2012）外来種のマネジメント：侵略的外来種による影響の予防と抑制．エコシステムマネジメント：包括的な生態系の保全と管理へ（森 章 編），pp. 98–123，共立出版．

Aukema, J. E., McCullough, D. G. *et al.* (2010) Historical accumulation of non-indigenous forest pests in the continental US. *Bioscience*, **60**, 886–897.

Bauer, L. S., Duan, J. J. *et al.* (2014) XVII Emerald Ash borer (*Agrilus planipennis* Fairmaire) (Coleoptera: Buprestidae). In: *The use of classical biological control to preserve forests in North America* (eds. van Driesche, R. & Reardon, R.), pp. 189–209. USDA Forest Service.

Brockerhoff, E. G., Kimberley, M. *et al.* (2014) Predicting how altering propagule pressure changes establishment rates of biological invaders across species pools. *Ecology*, **95**, 594–601.

Brockerhoff, E. G., Liebhold, A. M. (2017) Ecology of forest insect invasions. *Biol. Invasions*, **19**, 3141–3159.

Brockerhoff, E. G., Suckling, D. M. (2013) Improving the efficiency of lepidopteran pest detection and surveillance: constraints and opportunities for multiple-species trapping. *J. Chem. Ecol.*, **39**, 50–58.

Chase, K. D., Stringer, L. D. *et al.* (2018) Multiple-lure surveillance trapping for *Ips* bark beetles, *Monochamus* longhorn beetles, and *Halyomorpha halys* (Hemiptera: Pentatomidae). *J. Econ. Entomol.*,

111, 2255–2263.
Codella, S. G., Raffa, K. F.（1995）Contributions of female oviposition patterns and larval behavior to group defense in conifer sawflies（Hymenoptera：Diprionidae）. *Oecologia*, **103**, 24–33.
Colautti, R. I., Ricciardi, A. *et al.*（2004）Is invasion success explained by the enemy release hypothesis? *Ecol. Lett.*, **7**, 721–733.
福島正三（1960）リンゴワタムシ個体群の増殖におよぼす寄生バチの影響（圃場における昆虫群集の研究 XVII）．日本生態学会誌，**10**，15–22.
Garbin, L., Giaz, N. B. *et al.*（2008）Experimental study of the reproductive cycle of *Plagiotrochus amenti* Kieffer, 1901（Hymenoptera, Cynipoidea, Cynipidae）, with comments on its taxonomy. *Boln. Asoc. Esp. Entomol.*, **32**, 341–349.
Granett, J., Walker, M. A. *et al.*（2001）Biology and management of grape phylloxera. *Annu. Rev. Entomol.*, **46**, 387–412.
Hajek, A. E., Hurley, B. P., Kenis, M. *et al.*（2016）Exotic biological control agents：a solution or contribution to arthropod invasions? *Biol. Invasions*, **18**, 953–969.
Hu, J., Angell, S. *et al.*（2009）Ecology and management of exotic and endemic Asian longhorned beetle *Anoplophora glabripennis. Agr. For. Entomol.*, **11**, 359–375.
Hurley, B. P., Slippers, B. *et al.*（2007）A comparison of control results for the alien invasive woodwasp, *Sirex noctilio*, in the southern hemisphere. *Agr. For. Entomol.*, **9**, 159–171.
Ide, T., Kanzaki, N. *et al.*（2016a）Molecular identification of an invasive wood-boring insect Lyctus brunneus（Coleoptera：Bostrichidae：Lyctinae）using frass by loop-mediated isothermal amplification and nested PCR assays. *J. Econ. Entomol.*, **109**, 1410–1414.
Ide, T., Kanzaki, N. *et al.*（2016b）Molecular identification of the western drywood termite（Isoptera：Kalotermitidae）by loop-mediated isothermal amplification of DNA from fecal pellets. *J. Econ. Entoml.*, **109**, 2234–2237.
伊藤賢介（2015）北米に侵入したアオナガタマムシ *Agrilus planipennis* の生態と防除．林業と薬剤，**211**，14–23.
岩田隆太郎（2018）クビアカツヤカミキリ *Aromia bungii* の現状：その分類・分布・生理・生態・根絶法．森林防疫，**67**，7–34.
上条一昭（1981）カラマツ造林地の害虫．光珠内季報，**50**，15–20.
Kanzaki, N. & Giblin-Davis, R. M.（2018）Diversity and plant pathogenicity of *Bursaphelenchus* and related nematodes in relation to their vector bionomics. *Curr. Forestry Rep.*, **4**, 85–100.
Kenis, M., Hurley, B. P. *et al.*（2017）Classical biological control of insect pests of trees：facts and figures. *Biol. Invasions*, **19**, 3401–3417.
Liebhold, A. M., Brokerhoff, E. G. *et al.*（2012）Live plant imports：the major pathway for forest insect and pathogen invasions of the US. *Front. Ecol. Environ.*, **10**, 135–143.
槙原　寛（2003）日本に侵入した穿孔性甲虫類1：カミキリムシ．森林科学，**38**，10–16.
槙原　寛（2014a）移動する森林昆虫類（2）小笠原諸島のカミキリムシ類（続）；タマムシ類．海外の森林と林業，**89**，56–60.
槙原　寛（2014b）移動する森林昆虫類（3）人工林の増加により分布拡大をした2種の昆虫．海外の森林と林業，**90**，40–44.

宮崎昌久・工藤 巖（1988）日本産アザミウマ文献・寄主植物目録．農業環境技術研究所資料3号，農業環境技術研究所.

村上陽三（1997）クリタマバチの天敵：生物的防除へのアプローチ．九州大学出版.

中田 健・井澤宏毅 ほか（2008）アオマツムシのナシ・カキ園における近年の発生．植物防疫，**62**，277–280.

日本生態学会 編（2002）外来種ハンドブック．地人書館.

O'Dowd, D. J., Green, P. T. *et al.* (2003) Invasional 'meltdown' on an oceanic island. *Ecol. Lett.*, **6**, 812–817.

岡部貴美子（2010）非意図的に導入される外来森林生物の現状と課題：タイワンタケクマバチおよび随伴侵入したタイワンタケクマバチコナダニの事例．海外の森林と林業，**79**，31–35.

岡部貴美子・升屋勇人・神崎菜摘（2012）森林生物資源の輸入と随伴侵入生物．地球環境，**17**，127–133.

大村和香子（2009）乾材害虫および乾材シロアリに関する最近の知見．家屋害虫，**31**，19–26.

尾崎研一（1996）イチイに新たな害虫イチイカタカイガラムシ．森林保護，**256**，41–43.

Pawson, S. W., Brockerhoff, E. G. *et al.* (2008) Non-native plantation forests as alternative habitat for native forest beetles in a heavily modified landscape. *Biodivers. Conserv.*, **17**, 1127–1148.

Redman, A. M. & Scriber, J. M. (2000) Competition between the gypsy moth, *Lymantria dispar*, and the northern tiger swallowtail, *Papilio canadiensis*: interactions mediated by host plant chemistry, pathogens and parasitoids. *Oecologia*, **125**, 218–228.

Roques, A., Auger-Rozenberg, M-A. *et al.* (2006) A lack of native congeners may limit colonization of introduced conifers by indigenous insects in Europe. *Can. J. For. Res.*, **36**, 299–313.

South, A. B. & Kenward, R. E. (2001) Mate finding, dispersal distances and population growth in invading species: a spatially explicit model. *Oikos*, **95**, 53–58.

自然環境研究センター 編（2019）最新 日本の外来生物．平凡社.

Takagi, M. (2003) Biological control of citrus scale pests in Japan. In: 1st International Symposium on Biological Control of Arthropods, pp. 351–355. USDA Forest Service, Forest Health Technology Enterprise Team.

Thurber, D. K. & McClain, W. R. (1994) Indirect effects of gypsy moth defoliation on nest predation. *J. Wildl. Manag.*, **58**, 493–500.

Tobin, P. C., Bai, B. B. *et al.* (2012) The ecology, geopolitics, and economics of managing *Lymantria dispar* in the United States. *Int. J. Pest Manag.*, **58**, 195–210.

Williamson, M. & Fitter, A. (1996) The varying success of invaders. *Ecology*, **77**, 1661–1666.

Yamanaka, T. & Morimoto, N. (2015) Comparison of insect invasions in North America, Japan and their Islands. *Biol. Invasions*, **17**, 3049–3061.

湯川淳一・上地奈美・徳田 誠・河村 太（2004）最近，沖縄に侵入したランツボミタマバエとマンゴーハフクレタマバエ．植物防疫，**58**，216–219.

第6章 人によって持ち込まれたものによる影響

滝 久智

はじめに

外来生物の多くは人によって持ち込まれ，時としてもともと生息していた生物に影響を与えてしまうことがあることは，前章においていくつかの事例とともに紹介した．外来生物とは，もともとその場所にいなかったにも関わらず，人間の活動によって他の場所から持ち込まれた生物のことを指す．しかし，生物よりは人の目にはつきにくいものの，人によって持ち込まれるものには非生物的な“もの”もある．こうした非生物も，生態系や経済に大きな影響を与えることがあり，環境問題のひとつとして扱われ，その問題が重大な場合もある．非生物的な物質は，人によって意図的あるいは非意図的に持ち込まれるという2つの可能性がある．もっとも想像しやすいものは，産業など人間の活動にともなって意図的に生産され持ち込まれてしまう化学物質，あるいは人間の活動の過程から副産物として非意図的に生産され持ち込まれてしまう化学物質だろう．

特に化学物質は，ここ100年ほどの間に急速に開発が進み使用されるようなった．たとえば，工業的に合成された化学物質である農薬については，国外では1930年代から開発が始まり，現在では一般に普及している．農薬は日本において第2次世界大戦後本格的に使用が拡大し，戦後の人口増加とともに課題となっていた食料難の解決に果たした貢献は大きく，これまで我々の生活に大きな利便性をもたらしてきたことは明らかである．一方で1960年代，農薬として利用されている化学物質の危険性を取り上げたレイチェル・カーソンによる著書などによって，化学物質の環境に対する悪影響に警鐘が鳴らされた．これらの著書が環境問題そのものに人々の目を向けさせたため，農薬をはじめとする化学物質の安全性も高まってきている．

当然，農薬以外にも化学物質は存在する．たとえば，日本の戦後の高度成長期の工業開発にともない，公害問題として，大気の汚染，水質の汚濁，土壌の汚染によって，人の健康または生活環境に係る被害の報告がなされ，社会の関心が高まった（図 6.1）．その結果，社会の注目が集まり，重金属汚染による環境や人間以外の生物への影響も懸念されている．さらには，1986 年のチェルノブイリ原子力発電所事故や 2011 年の東日本大震災における東京電力福島第一原子力発電所事故による，放射性物質の生物への影響についても近年報告されている．

人によって持ち込まれた化学物質による影響として，この章の以下では，まず，森林生態系におけるそれら物質の特徴について概説していく．続いて，人によって持ち込まれる物質のうち，特に人間の活動によって生み出される“も

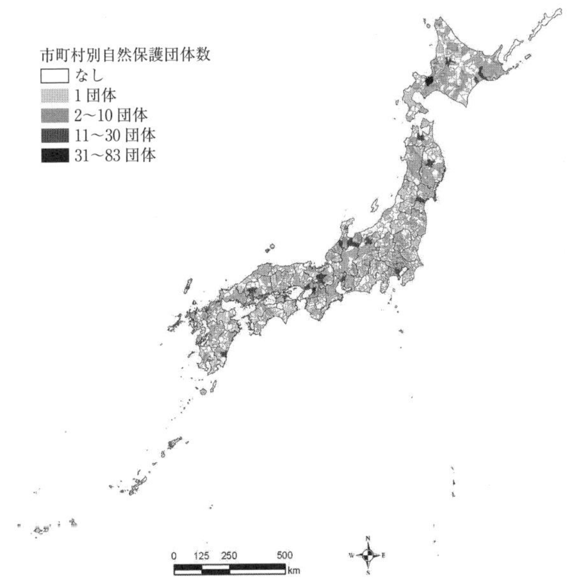

図 6.1　日本国内に拠点を持ち，環境保全活動を行う自然保護団体数を，市町村ごとに示した地図
環境省自然環境局，http://www.biodic.go.jp/biodiversity/activity/policy/map/map18/index.html より．

の”の影響に着目して，農薬，重金属，放射性物質などが森林生態系と昆虫に与える影響について記述していきたいと思う．

6.1　森林生態系における物質動態の特徴

生態系とは，「生態」と「系」という，既成の二つの単語を組み合わせて作られた概念である．環境は生物に，生物は環境に影響を与えるように，環境と生物は相互に影響しあうが，「生態」という単語は，生物と非生物的な環境との相互作用，あるいはある環境下における生物の生活形態を意味する．一方，「系」とは，ある特定の機能などが関係する共通性を持つものの集まりや系統，あるいはそれら集まりや系統から形成される，限られた空間における仕組みという意味をもつ．よって，生態系とは，ある程度限られた空間において，生物の群集とそれら生物をとりまく非生物的な要因を含めた環境を合わせた，ひとつの連なりや仕組みのことといえる．こうした観点から森林生態系を考えてみると，森林生態系は，他の陸域の生態系と比較しても高いバイオマスをほこり，より複雑な系であるといえる．地面に沿って広がる水平方向の複雑さに加え，地面から空へ向けた垂直方向の複雑さも兼ね備えている．森林生態系の一次生産者である植物に目を向ければ，林冠を構成する高木層と林床を構成する低木や草本層などの複雑な植物群集が存在する．それら植物に，直接的および間接的に関係した動物群集や微生物群集，さらには非生物的な因子である土壌環境や水環境などが相互に関与している．

森林生態系には，多種多様な生物が恒常的に生息あるいは一時的な滞在をしている．これら多様な生物は様々な形でつながっていて，その複雑なつながりは網のような構造をしている．「食べる」「食べられる」だけの関係性にのみ注目してみると，生物どうしが網の目のように関係していることから，こうした構造は食物網ともいわれる（Reagan & Waide, 1996）．たとえば，食物網のなかでは，植物を食べる昆虫がいて，その植食性昆虫が捕食性昆虫の餌となり，その捕食性昆虫が鳥の餌となり，その昆虫食の鳥が猛禽類や哺乳類の餌となるといった食物連鎖が生じる（図6.2）．生きているもの同士のこうした行いのなかに，化学的に安定しているうえ，各種体内に取り込まれると体中のタンパ

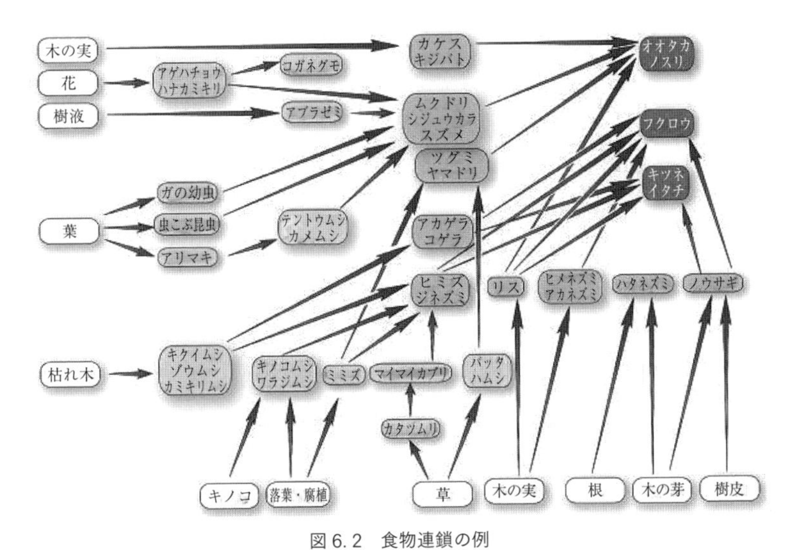

図 6.2　食物連鎖の例
東北大学植物園，http://www.biology.tohoku.ac.jp/garden/forest.htm より．

ク質などに結び付きやすく脂肪にも溶けやすい，あるいは分解や排泄されにくい物質が入ってくると，それらの物質が食物連鎖の段階を上がるごとに濃縮されていくことがある．このような現象を生物濃縮とよぶ．食物連鎖による生物濃縮は，有害物質が問題として取り上げられることも多い．汚染物質が可能な範囲で除去された後でも，土壌や湖沼の底質に蓄積されている汚染物質が食物連鎖によって濃縮されるため，生物や環境への影響が長期にわたり継続する場合もある．つまり化学物質のなかには食物連鎖の上部に蓄積されやすいものが存在するため，そういった物質の毒性が強い場合，上位捕食者が最も影響を受けてしまう可能性がある．

森林生態系における，複数の生物種を介した化学物質の生物濃縮の実証研究もいくつか存在する．たとえば，アメリカのバーモント州の高標高地域の森林生態系における生物おいて，食物連鎖の位置関係を考慮した上で，各生物の体内の水銀濃度を調査した報告がある（Rimmer *et al.*, 2010）．その調査結果によると，植物などのように独立して栄養をとれる生物，植食性の生物，腐食性の生物，雑食性の生物，肉食性の生物の順で，体内の水銀濃度が高くなっている．さらに，肉食性の生物の間でも差がみられ，食物連鎖において上位の捕食者ほど，体内の水銀濃度が高い傾向がみられている．こうした生物間の食う食われる関係から生じる生物濃縮を示す現象は，水銀のみならず，他の化学物質でも確認されており，特に，水域での調査事例がよく知られている（Van der Oost *et al.*, 2003）．これは，森林生態系をはじめとして多くの陸域の生態系が開放的で，他の生態系と隣接し，異なる生態系の間で生物や物質の移動が起こりやすいことに比べ，水域の生態系がより閉鎖的な環境下にあることに関係している．

6.2　農薬

農薬とは，殺虫剤，殺菌剤，除草剤，殺そ剤などを含み，農業や林業などの産業の営みのなかや衛生管理の目的にともなって使用される化学薬剤の総称である．農林業では，通常，利用したい特定の植物などを一か所に大量に集めたうえで，単一種で植栽することがほとんどである．いってみれば，人為的な環境のもとで育成される．そのため，栽培地は，人為的な管理を何も試みないと一定の収量と品質が確保できないことが多く，その植物を好む動物や菌などが生育しやすい環境であり，そうした病害虫や雑草の影響を軽減するのに有効な手段が農薬となる．したがって，増え続ける人口問題にともなった食料や林産物供給の観点から，近代農林業において，農薬は必要不可欠な資材といえる．

日本をはじめとして多くの経済発展が進んだ国において，農薬は，一部生物に対する安全性を確認する一定の試験を経て合格したものだけが，販売および使用されている．たとえば，農薬の登録申請に際しては，鳥類に加えてセイヨウミツバチなど特定の陸域生物に対する毒性試験の成績，さらには，魚類，甲殻類，藻類の一部を用いた水域の生物に対する毒性試験の結果の提出が必要である．これら試験結果は試験者とは異なる者が再度評価するうえ，農薬の容器や包装のラベルには使用時に守るべき事項が記載され，農薬を利用する者は記載された注意事項などに従うことが求められている．こうした農薬の使用基準は時代を追うごとに改訂されている．日本の農薬取締法については，2002年に改正され，ここでは，無登録農薬の製造，輸入，使用を禁止することが記載されている．さらに，農薬販売者のみならず使用者にも，水域および陸域の生物に悪影響を与えたりすることのない使い方や，水質汚濁によって人々の生活環境に被害が及ぶことがないような使い方をする義務のあることなどが明示された．

しかしながら，こうした農薬の使用基準の変更は，環境の変化や社会の関心の変化とともに，農薬による過去の様々な被害経験や調査報告の教訓によって，改善されてきていることも事実である．たとえば，森林生態系において害虫を駆除する目的で使用された農薬の，非標的の昆虫に対する負の影響を示唆した先行的な事例として，1970 年代にカナダ東部で報告された調査結果がある（Kevan，1975）．それによると，トウヒなどの樹木を加害し枯死させてしまうトウヒシントメハマキ（*Choristoneura fumiferana*）の大発生から森林を保護するため，本種の防除を目的として広域を対象に殺虫剤を散布した．その結果，森林の内部や周辺部に生息していたハナバチ類の減少をもたらしてしまったという．さらには，植物の花粉を媒介するという生態系機能をもつハナバチ類の減少は，森林の植物だけでなく森林周辺の農場で栽培されているブルーベリーの結実や繁殖にまで影響を及ぼしたことが報告されている．これは，こうしたハナバチ類などの花粉媒介昆虫のみならず，害虫の天敵となるような益虫にも，農薬被害がおよぶ懸念があることを示唆している．また，こうした被害は，昆虫の行動や学習，さらには神経生理にも及ぶという研究報告も存在し，農薬の非標的である昆虫が単に死ぬか生きているかというだけの二択の問題ではない場合もある（Desneux *et al.*, 2007）．さらには，昆虫種全般としては，害虫でも益虫でもない「ただの虫」が圧倒的に多数を占めるが，一見すると人間にとって何の害も益もないこうした昆虫が生態系の中で重要な役割を担っていることがあるため，「ただの虫」への影響も決して無視することはできない（桐谷，2004）．

なお，上記の事例を紹介するにあたっては，農薬，主には殺虫剤の具体的な影響について，あるいは，その種類や使用方法の相違について，特に深く触れることなく記述をしてきた．しかし，農薬といっても，実際使用されている農薬は，単一の化学物質ではなく，成分や使い方，使用頻度も様々である．ひとくくりにしてしまって農薬の影響に着目することは危険である．たとえば，樹木の洞などに巣をつくり，林床の草木にも訪花する日本の在来ミツバチである

図6.3　ニホンミツバチ（*Apis cerana japonica*）の薬剤試験の様子
安田美香氏 撮影.

ニホンミツバチ（*Apis cerana japonica*）について，各種殺虫剤の感受性を調査したことがあるが（図6.3），ニホンミツバチに対する各種殺虫剤の毒性は様々であり，通常同じ系統として取り扱われることの多い化学構造の似た殺虫剤でさえも，毒性に大きな差があることが示されている（Yasuda *et al.*, 2017a；Yasuda *et al.*, 2017b）．さらに，農薬の使用方法に関連しては，アメリカのメリーランド州における，都市部の森林や樹木の害虫であるカイガラムシ類とその天敵への影響に関する報告がある（Raupp *et al.*, 2001）．それによると，カイガラムシ類防除のため長期間にわたり殺虫剤を散布された樹木は，短期間の散布を受けた樹木に比較して，より多くのカイガラムシ類が蔓延していた．さらに，散布後まで残留する傾向にある殺虫剤をまかれた樹木では，残留しない殺虫剤をまかれた樹木に比較して，カイガラムシ類の天敵が少ない傾向がみられた．すなわち，薬剤に耐え淘汰された集団が生き残り抵抗性因子が蓄積したカイガラムシ類に発達したこと（薬剤抵抗性と呼ばれる）や，それらの天敵の寄生蜂が殺虫剤によって減少し，カイガラムシ類の増殖を抑えることができなくなってしまったなどの要因が想像される．こうした過去に報告されている事象は現在およびこれからの農薬の使用法を考える上で重要である．

6.3　重金属

重金属とは，比重が4あるいは5以上の金属元素のことを示すことが多い

が，一般的には大きな比重を持つ金属の総称として扱われる（Martin, 2012）．重金属とは，単に比重のみによる分類のため，非常に雑多な化学的および物理的性質を持った金属たちの寄せ集めともいえる．微量であれば，人体にとって必要不可欠な元素として機能するものも存在するし，ある程度の量であれば人体が取り込んでしまっても排出されるシステムも備えている．しかし，ある一定量を超えた場合，人体にとって強い毒性を発揮するものも多く存在する．近代農業の拡大，工業化の推進，自動車利用の増加などによって，鉛，クロム，カドミウム，水銀，亜鉛，ニッケルなどの重金属の環境中濃度は高くなっている．近年，経済発展の著しい国などで環境や健康に対する問題として取り上げられることも多い（Cheng, 2003）．

森林生態系に放出された重金属という観点からは，土壌への蓄積がもっとも懸念される．たとえば，フィンランド南部の製錬所から排出された重金属による汚染の影響をみるため，周辺の森林生態系において，土の上を徘徊するアリ類 *Formica* を対象に調査した報告がある（Eeva *et al.*, 2004）．各種重金属の土壌中の濃度と，アリ類の多様性，形態や生活様式などを調査した結果，対象としたアリ類は，比較的高い濃度の重金属に耐えられ，激しい汚染地域でさえも巣を維持できることを示した．ただし，汚染の激しい場所では，アリ類の巣あたりの個体数が少ない傾向があったことも明らかになり，繁殖に関して何らかの影響があるのではという懸念も同時に示した．さらなる調査では，調査対象種のアリの一種（*Formica aquilonia*）の免疫機能において，重金属汚染の悪影響が表れている可能性も示唆されている（Sorvari *et al.*, 2007）．また，同じくフィンランドにおいて調査された報告によると，針葉樹林内に生息するトビムシ類などの分解者を含む土壌動物は，汚染の影響について比較的高い抵抗性を示したものの，もっとも汚染された地帯である精錬所周辺では明らかに多様性が低いことが示されている（Haimi & Mätäsniemi, 2002）．

森林生態系の土壌動物を対象に，食物網を考慮した重金属の影響についての報告も存在する（van Straalen & van Wensem, 1986；図 6.4）．調査は，オランダの亜鉛工場からの排出によって重金属汚染された地域に生息する森林性の土壌動物 13 種について行われ，各種体内中の鉛，亜鉛およびカドミウムの濃度が測定された．その結果，同じような摂食様式を示す生物であっても，重金

図6.4　土壌動物を採集するために使用するツルグレン装置
長谷川元洋氏 撮影.

属濃度は種間に大きな違いがあり，食物連鎖を反映した濃度の明らかな関係性は見出されなかった．また，土壌動物各種の重金属蓄積濃度と体サイズについては，鉛では関係性が認められたものの，亜鉛およびカドミウムについては関係性が認められなかったことが報告されている．

人為的な活動に伴って放出される様々な重金属は，大気，水，土壌環境中に継続的に流入しており，自然の生物地球化学サイクルの一部となっていることは間違いない．こうしたなか，重金属による急性および慢性の影響は，主に水域生態系の昆虫において報告されている（Winner *et al.*, 1980）．しかしながら，上記のオランダにおける土壌動物での事例が示すように，重金属物質の種類によってその反応は様々であるうえ生物種によって生理的作用も様々である．さらに，重金属による森林生態系の陸域昆虫類に対する影響については，研究蓄積も少なく，まだまだ不明な点が多いといえる．

6.4　放射性物質 

日本の観測史上最大規模のマグニチュード 9.0 を記録した 2011 年 3 月 11 日の東北地方太平洋沖地震とそれにともなう津波をきっかけとして，東京電力福島第一原子力発電所で炉心溶融が発生する原子力事故が起き，大量の放射性物質が環境中に放出された（Harada *et al.*, 2014）．放出されてしまった放射性物質の中心はセシウムであり，近年の調査によってセシウムボールと呼ばれる水に溶けにくい性質をもち環境中に長くとどまる可能性のある放射性粒子さえも環境中からみつかっている（Adachi *et al.*, 2013）．セシウム137の半減期が30年強であること考慮すれば，放射性物質はこれから数百年にわたって環境中に存在し，その環境中に生息する多様な生物への影響が懸念され，森林生態系の昆虫類も例外ではない．人々の活動も抑制され，原子力事故から数年が経過している2020年11月現在においても，住民の生命や身体への危険を防ぐために，事故現場周辺は避難指示区域が継続して設けられ，特定の地域への立入りが制限されている．

この事故によって放出された放射性物質が，アブラムシやチョウなどの昆虫種に生理的および遺伝的な障害を与えた可能性が指摘されている．虫こぶと呼ばれる，植物組織が異常な発達を起こしてできるこぶ状の突起をハルニレにつくるヨスジワタムシ属のアブラムシ類 *Tetraneura* spp. への影響を調査した報告がある（Akimoto, 2014；図6.5）．事故の翌年である2012年に対象アブラムシ類を採集して，それらの形態を観察したところ，放射線量の高い場所から採集された個体群から部分壊死，奇形の形態異常がみられる幼虫が，高い確率で観察された．しかし，翌年の2013年にも調査を行ったところ，形態異常が確認されるアブラムシの割合が下がったことも示されている．

さらに，アブラムシに加えチョウでも調査の報告がされている．幼虫がカタバミのみを食べるヤマトシジミ（*Zizeeria maha*）は，河川敷や牧草地のよ

図6.5　福島県川俣町山木屋のハルニレにできた，ヨスジワタムシ属（*Tetraneura*）アブラムシのゴールともよばれる虫こぶ
2012年6月3日，秋元信一氏 撮影．→口絵12

うな草原環境や農村，都市等の人為環境に多く生息しているため，森林生態系に依存した種とは言い難いが，成虫は伐採地などの草原環境をともなった森林や，真夏の昼間では森林内でもみつかる（松本，2007）．国内で一般的に見られる本種を対象に，放射性物質の昆虫への影響について野外調査および室内実験を組み合わせた綿密な研究報告がある（Hiyama *et al.*, 2012）．これによると，事故から2か月後の2011年5月にヤマトシジミ成虫を採集した結果，調査地の放射線量の強さと関係して，福島地域で採集された個体には軽度の羽のサイズの違いなど形態異常がみられた．一方，その年の9月に採集した成虫では，より多くの個体で形態異常が確認された．さらには5月に採集した世代のメスから生まれた，子供世代以降にも異常が認められた．また，汚染されていない地域にて採集した個体を用いて，低線量の外部被爆および内部被曝の室内実験をすると，実験で異常が再現できたことが報告されている．

以上のアブラムシやチョウでの事例は，特定の種を対象とした調査の報告であるが，福島第一原子力発電所の事故後の森林生態系における昆虫類も含めた複数の生物分類群を対象とした調査もあり，特に，セシウム137の生物濃縮がおこっているのかのどうかの検証もされている（Murakami *et al.*, 2014）．調査は，落ち葉上にセシウム137が蓄積された，福島第一原子力発電所から50 kmほど離れた落葉広葉樹二次林とスギ人工林からなる森林地帯で行われた．その結果，セシウム137は，植物の根系を通じて植物体内にはそれほど取り込まれていないことが明らかとなった一方で，落葉を直接利用する昆虫類をはじめとする腐食者は著しくセシウム137を取り込んでいることが示された．ただし，食物連鎖の段階に区分された各生物体内のセシウム137濃度について解析したところ，明確な傾向がみられなかったことから，調査が行われた時点では，生物濃縮は生じていないであろうことが示唆されている．

また，福島第一原子力発電所による放射性物質は間接的にも昆虫類へ影響を及ぼすかもしれない．たとえば，飛翔性昆虫類多種を対象にした調査結果がこの可能性を示唆している（Yoshioka *et al.*, 2015）．調査は，原発事故より3年が経過した2014年に福島県の避難指示区域とその周辺，森林地域を含めた47ヵ所にて，トラップを用いて昆虫採集を行った（図6.6）．対象とした昆虫類は，様々な飛翔性昆虫種で，避難指示区域内と区域外で採集された昆虫類の個

図 6.6　福島県の帰宅困難地域内に設置された昆虫採集用のマレーズトラップ
吉岡明良氏 撮影.

体数が異なるかを検討した．結果は，樹木に穴を空けて巣を作るキムネクマバチ（*Xylocopa appendiculata*）などを除いて，調査の対象としたほとんどの昆虫類について，避難指示区域の外側に比べて避難指示区域の内側における個体数の方が多いか，あるいは避難指示区域の内側と外側で明らかな差がないことが明らかとなり，特定の昆虫の極端な変化などは生じていないことが示された．一方，変化がみられた一部の昆虫類については，放射性物質そのものの影響というよりも，人の立ち入りが禁止されたことにともない，土地利用の変化などの人間活動が抑制されたことが引き金となって，生息地の環境変化が現れた可能性がある．つまりは，人為的な理由によって放出されてしまった放射性物質が，人による活動を抑制したために昆虫類に影響しているという現象を説明することの複雑性を示しているのかもしれない．

おわりに 

この章では，とても簡単ではあるが，森林生態系，とくに森林昆虫類を対象に，人によって持ち込まれたものによる影響についての話題をいくつか取り上げてみた．これらについては，正の効果であっても負の効果であっても，はたまた効果そのものがないというものでも，まだまだ研究の蓄積が少なく，科学的に明らかになっていることも多くはない．こうしたなかで，東日本大震災における東京電力福島第一原発事故が起き，その後の放射性物質による影響について，近年いくつか研究報告がなされてきている．それら報告の中には森林や昆虫に関わるものも含まれている．

一方で，森林を生態系という視点でみると，その系はとても複雑である．森林生態系は，昆虫をはじめとして多様な生物が生息し，それら生物と非生物を含めた環境が，直接的あるいは間接的に絡み合い，かつ相互に影響を及ぼし合いながら成立している（図6.7）．そのような入り組んだ森林生態系において，人によって持ち込まれる物質による影響の全容を解明するということは，到底ひと筋縄ではいかない．さらには，森林生態系は他の生態系から隔離された閉ざされた系ではなく，水域の生態系や他の陸域の生態系ともつながっているため，より複雑である．

しかし，森林と人間のかかわりは，時代とともに変化することがあったとしても，地球上で生活している限り未来永劫継続する．人が関わり続ければ，そ

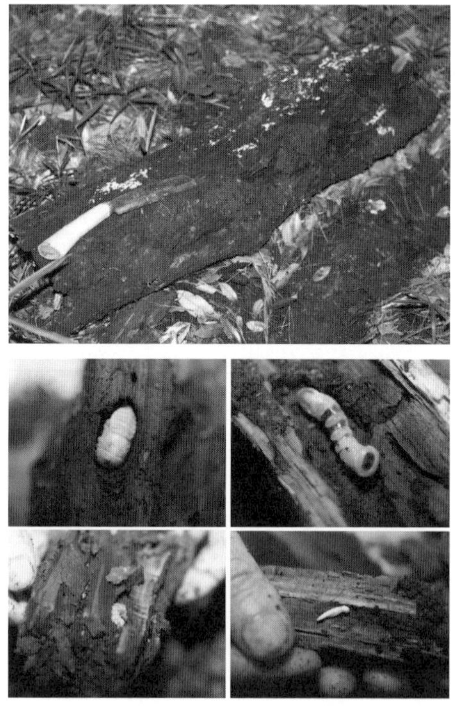

図6.7　多様な昆虫が生息している様子の一例
朽ち木とその中から発見された昆虫．→口絵13

の活動に伴って森林へ持ち込まれるものはこれからも存在するであろうし，持ち込まれたものそのものの存在や，それらによる影響もすぐには消え去らないかもしれない．たとえば，チェルノブイリ原発事故後の調査が示すように（Møller & Mousseau, 2006），放射性物質の中心であるセシウム137はこれから長きにわたって環境中に存在し，その環境中に生息する多様な生物への影響が懸念される．多くの場合，ものは我々人間の目に見えないことが多いため，直接的あるいは間接的な影響によって引き起こされる現象によって，気づかされることが多い．

したがって，人によって持ち込まれたものによる影響については，本書全般にわたって着目した森林生態系，さらにはそこに生息する昆虫たちについても，今後も注視していく必要があるだろう．昆虫は，人によって持ち込まれたものによる，生態系がもつ機能や生態系が人々に供給する恵みへの影響を示す（McGeoch, 1998）ための重要な指標生物のひとつとなり得るかもしれない．

引用文献

Adachi, K., Kajino, M., Zaizen, Y. & Igarashi, Y. (2013) Emission of spherical cesium-bearing particles from an early stage of the Fukushima nuclear accident. *Sci. Rep.*, **3**, 2554.

Akimoto, S. (2014) Morphological abnormalities in gall-forming aphids in a radiation-contaminated area near Fukushima Daiichi: selective impact of fallout? *Ecol. Evol.*, **4**, 355–369.

Cheng, S. (2003) Heavy metal pollution in China: origin, pattern and control. *Environ. Sci. Pollut. Res.*, **10**, 192–198.

Desneux, N., Decourtye, A. & Delpuech, J.-M. (2007) The sublethal effects of pesticides on beneficial arthropods. *Ann. Revi. Entomol.*, **52**, 81–106.

Eeva, T., Sorvari, J. & Koivunen, V. (2004) Effects of heavy metal pollution on red wood ant (*Formica* s. str.) populations. *Environ. Pollut.*, **132**, 533–539.

Haimi, J. & Mätäsniemi, L. (2002) Soil decomposer animal community in heavy-metal contaminated coniferous forest with and without liming. *Eur. J. Soil Biol.*, **38**, 131–136.

Harada, K. H., Niisoe, T., Imanaka, M. *et al.* (2014) Radiation dose rates now and in the future for residents neighboring restricted areas of the Fukushima Daiichi Nuclear Power Plant. *Proc. Natl. Acad. Sci. USA*, **111**, E914–E923.

Hiyama, A., Nohara, C., Kinjo, S. *et al.* (2012) The biological impacts of the Fukushima nuclear accident on the pale grass blue butterfly. *Sci. Rep.*, **2**, 00570.

桐谷圭治（2004）「ただの虫」を無視しない農業：生物多様性管理．築地書館．

Kevan, P. G. (1975) Forest application of the insecticide Fenitrothion and its effect on wild bee pollinators (Hymenoptera: Apoidea) of lowbush blueberries (*Vaccinium* spp.) in Southern New Brunswick, Canada. *Biol. Conserv.*, **7**, 301–309.

Møller, A. P. & Mousseau, T. A. (2006) Biological consequences of Chernobyl: 20 years on. *Trends Ecol. Evol.*, **21**, 200–207.

Martin, M. (2012) *Biological monitoring of heavy metal pollution: land and air.* Springer Science & Business Media.

松本和馬（2007）丹沢主稜の森林衰退とチョウ相の変化．丹沢大山総合調査学術報告書（ed. 丹沢大山総合調査団），pp. 246–250，財団法人平岡環境科学研究所．

McGeoch, M. A. (1998) The selection, testing and application of terrestrial insects as bioindicators. *Biol. Rev.*, **73**, 181–201.

Murakami, M., Ohte, N., Suzuki, T. *et al.* (2014) Biological proliferation of cesium-137 through the detrital food chain in a forest ecosystem in Japan. *Sci. Rep.*, **4**, 3599.

Raupp, M. J., Holmes, J. J., Sadof, C. *et al.* (2001) Effects of cover sprays and residual pesticides on scale insects and natural enemies in urban forests. *J. Arboric.*, **27**, 203–214.

Reagan, D. P. & Waide, R. B. (1996) *The food web of a tropical rain forest.* University of Chicago Press.

Rimmer, C. C., Miller, E. K., McFarland, K. P. *et al.* (2010) Mercury bioaccumulation and trophic transfer in the terrestrial food web of a montane forest. *Ecotoxicology*, **19**, 697–709.

Sorvari, J., Rantala, L. M., Rantala, M. J. *et al.* (2007) Heavy metal pollution disturbs immune response in wild ant populations. *Environ. Pollut.*, **145**, 324–328.

Van der Oost, R., Beyer, J. & Vermeulen, N. P. (2003) Fish bioaccumulation and biomarkers in environmental risk assessment: a review. *Environ. Toxicol. Pharmacol.*, **13**, 57–149.

van Straalen, N. M. & van Wensem, J. (1986) Heavy metal content of forest litter arthropods as related to body-size and trophic level. *Environ. Pollut. A*, **42**, 209–221.

Winner, R., Boesel, M. & Farrell, M. (1980) Insect community structure as an index of heavy-metal pollution in lotic ecosystems. *Can. J. Fish. Aquat. Sci.*, **37**, 647–655.

Yasuda, M., Maeda, T. & Taki, H. (2017a) Acute contact toxicity of three insecticides on Asian honeybees *Apis cerana*. *Bulletin of FFPRI*, **16**, 143–146.

Yasuda, M., Sakamoto, Y. Goka, K. *et al.* (2017b) Insecticide susceptibility in Asian honey bees (*Apis cerana* (Hymenoptera: Apidae)) and implications for wild honey bees in Asia. *J. Econ. Entomol.*, **110**, 447–452.

Yoshioka, A., Mishima, Y. & Fukasawa, K. (2015) Pollinators and other flying insects inside and outside the Fukushima evacuation zone. *PLoS ONE*, **10**, e0140957.

第4部

気候変動

第7章 気候変動による影響

徳田 誠

はじめに

産業革命以降，大気中の二酸化炭素やメタン，一酸化二窒素などの温室効果ガスの濃度は過去 80 万年で前例のない水準にまで増加しており，それに伴い地球規模での温暖化が進行している．この傾向は今後さらに進行すると考えられ，気候変動に関する政府間パネル（IPPC）の第 5 次評価報告書（2013 年）によれば，平均気温が今世紀末までに 0.3〜4.8℃ 上昇すると試算されている．

気候変動が昆虫類に及ぼす影響に関する論文の発表数は，1990 年代中盤までは年間 20 編以下であったが，近年の地球温暖化の進行に伴い，2000 年前後から年間 50 編を超えるようになり，2010 年代に入ると年間 150 編以上と急増している（Parmesan, 2006；Andrew *et al.*, 2013）．そして，確認された変化は，分布域，個体数や発生量，種間相互作用，地域昆虫相，フェノロジー（生物季節），発育期間，生存率など多岐に及んでいる（桐谷・湯川，2010；Boukal *et al.*, 2019）．また，これまで問題となっていなかった種が害虫として顕在化する懸念も指摘されている（Frank & Just, 2020）．

昆虫は基本的に外温動物（変温動物）であるため，体内の温度は外気温の影響を強く受ける．温度が低すぎると発育が停止してしまい，逆に高すぎると高温障害により発育が遅延したり，生存率が下がったりする（桐谷，2001）．そして一定の範囲内であれば，温度が高いほど速く発育する．したがって，気候変動により生息場所の温度が変化すると，発育期間の短縮や出現時期の早期化が生じたり，場合によっては年間世代数が増加したりする（桐谷・湯川，2010）．また，昆虫の中には，生存に不適な季節を乗り切るため，様々な発育段階で休眠するものが知られている（田中ほか，2004）．休眠性をもつ昆虫では，休眠の誘導や覚醒の刺激として，日長や温度が利用されているため，気候が変化すると休眠のON・OFFのスイッチが切り替わらなくなり，生存率や生活史に影響が及ぶ可能性がある．

本章では，気候変動が昆虫類に及ぼす様々な影響に関して，地球温暖化との関連でこれまでの知見を概説する．なお，樹木に依存する昆虫を中心に取り上げたが，知見が乏しい部分に関しては，チョウ類や農作物の害虫，ショウジョウバエなどの研究事例を含めて紹介する．

7.1　分布域や個体数の変化

7.1.1　気候変動に伴う分布や生息密度の時空間的変化

一般に，ある種の昆虫は特定の緯度帯や標高帯に生息している．その生息範囲は様々な生物的・非生物的要因により決定されるが，非生物的な要因の中では，その地域の気候がもっとも大きく影響している（Pearson & Dawson, 2003）．

たとえばある昆虫が，耐寒性との関連で，冬季の気温がある一定温度以下となる場所では生存できない場合，その昆虫の生息範囲は，冬の寒さという要因によって制限される．そして，分布の限界地域において気候変動により寒さが和らいだ場合，これまで生息できなかった範囲にも分布可能となる．さらに，これまでかろうじて生息できていた地域では，冬期の生存率が高まることにより，個体群密度が増加する可能性がある．

こうした変化は，ある昆虫の分布範囲という空間的な視点から見ると分布域の変化として捉えることができ，また，ある地域における年次変動という時間的な視点で見れば，個体数の変化や種構成の変化として捉えることができる（図7.1）．なお，図7.1では，便宜上，緯度と標高とを同列で扱っているが，厳密には，緯度が変化すると日長も変化するのに対し，標高の変化では日長は

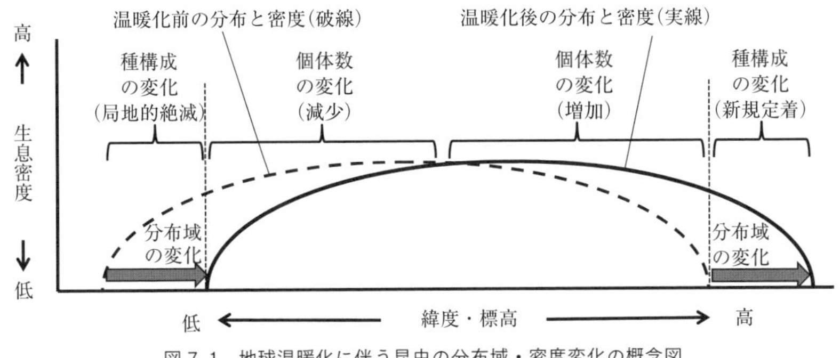

図 7.1　地球温暖化に伴う昆虫の分布域・密度変化の概念図

変わらないこと，逆に，標高が変化すると気圧や酸素レベルが大きく変わることなど，両者の相違点にも留意する必要がある．

本節では，気候変動によるこうした分布・生息の可否が影響したと考えられる分布域や個体数の変化の事例を紹介する．

7.1.2　樹木害虫における分布域や分布標高の変化

樹木害虫においても前述と同様の分布域や分布標高の変化が報告されている．ギョウレツケムシ科（ガの一種）のマツノギョウレツケムシ（*Thaumetopoea pityocampa*）の分布が，フランスでは 1972 年から 2004 年の間に 87 km 北側に拡大し，イタリアでは 1975 年から 2004 年の間に 110～230 m 上方に拡大した（Battisti *et al.*, 2005；de Boer & Harvey, 2020）．フィンランドにおいては，1990 年代から 2010 年代にかけて，おそらく冬季の生存率の上昇に伴って，ノンネマイマイ（*Lymantria monacha*）の分布が約 200 km 北側に拡大した（Fält-Nardmann *et al.*, 2018）．

ブナの害虫であるブナアオシャチホコやブナハバチ，ウエツキブナハムシ，ブナハカイガラタマバエ（図 7.2）の大発生は，高緯度の地方ほど低い標高帯で生じていることから，地球温暖化が進行すると，これらの害虫類が大発生する場所がより高い標高帯へと移行する可能性が指摘されている（富樫, 2008；鎌田ほか, 2010）．また，九州ではブナ林の衰退に伴って，ブナを寄主とするタマバエ類の種数が減少していることが報告されている（佐藤ほか, 2010）．

図 7.2　ブナハカイガラタマバエによりブナに形成された虫こぶ（ブナハカイガラフシ）

7.1.3　チョウ目昆虫において世界的に見られる極地方向への分布域の変化

気候変動による分布域の変化を明らかにするためには，変動前の分布域に関する正確な情報が必要である．とりわけチョウ目昆虫においては，古くから分布域に関する情報が蓄積されている場合が多いこともあり，近年の地球温暖化との関係で多くの報告がなされている（Andrew *et al.*, 2013）．

Parmesan *et al.*（1999）は，ヨーロッパのチョウ類の分布域の変化を調査し，35 種のうち 63％ の種の分布域が北側に移行したのに対し，南側に移行した種はわずか 3％ であることを明らかにした．また，Haeger（1999）は，北アフリカ産のチョウがスペインやフランスに分布を拡大し，地中海産の種が大陸の内部へと分布拡大している事例を報告した．この他，Thomas *et al.*（2001）もイギリスにおいて 2 種のチョウの分布拡大を報告している．

Sparks *et al.*（2005）は，100 年以上にわたる 9 種のチョウと 20 種のガについて，ヨーロッパ大陸からイギリスへの移動飛翔個体数と温度との関係を調査し，気温の上昇に伴って飛来数が増加することを指摘した．

日本国内においても，ナガサキアゲハ，ツマグロヒョウモン，ムラサキツバメ（図 7.3）など，50 種以上のチョウ類で分布の北進現象が報告されている（伊藤，2009；桐谷・湯川，2010；石井，2012）．

たとえばナガサキアゲハの場合，1940 年代の分布域の北限は山口県付近で

図 7.3　ムラサキツバメ　→口絵 14

あったが，現在では関東地方まで分布が広がっている．本種の寄主植物はカンキツ類であり，これは以前から関東にも存在していたため，寄主植物により分布が制限されていたわけではない．また，休眠性や耐寒性などにも顕著な変化は見られないため，本種の性質が変わったという理由でより北方まで分布できるようになったわけでもない（吉尾・石井，2001）．その一方で，本種の冬期における死亡率は，冬期の最低気温や，気温が 0℃ 以下となる日数などが関わっていることや，最寒月の平均気温と分布北限との間に高い相関が見られることなどが明らかになっており，分布域の拡大は温暖化に伴う冬期の温度上昇によると考えられている（吉尾・石井，2010）．

しかしながら，ここで注意すべき点は，こうした昆虫類における分布の極地方向への拡大が，必ずしも温暖化による気温上昇の直接的な影響とは限らないということである．たとえばムラサキツバメの場合，1980 年代の気温と分布北限，2000 年代の気温と分布北限を比較した結果，1980 年代よりも 2000 年代の方がより気温が低い場所まで分布域が広がっている．そのため単に気温の上昇だけでは近年の分布拡大を説明できないことが指摘されている（井上，2011）．

したがって，分布の変化の要因を明らかにするためには，寄主植物の植栽や移動に伴う人為的な昆虫の運搬や，昆虫自身の生理的性質の変化など，様々な要因を考慮に入れて解析する必要がある．

7.1.4　チョウ目昆虫における分布標高の変化

Parmesan（2005）は，エディタヒョウモンモドキの分布を 1986 年以前に記録がある場所で 1993 年から 1996 年の間に再調査した結果，標高 2400 m 未満の地点では40% 以上の個体群が絶滅していたのに対し，標高2400～3500 m の地点では絶滅していたのは15% 未満であることを報告した．また，本種の分布標高は平均して105 m 上昇していることを明らかにした．

Descimon *et al.*（2006）は，南フランスにおけるアポロウスバシロチョウ個体群を調査した結果，標高850 m 未満の場所ではこの40年の間に絶滅したものの，標高900 m 以上の場所では残存していることを報告している．さらに，Wilson *et al.*（2005）は，スペインで年平均気温が1.3℃上昇した30年間で，16種のチョウの生息域の最低標高が平均212 m 上昇したことを報告している．

7.1.5　ミナミアオカメムシの北進とアオクサカメムシの南衰

ミナミアオカメムシとアオクサカメムシは，チャバネアオカメムシなどのように森林害虫として特に問題になってはいないが，イネやダイズ，野菜類など様々な農作物の害虫として知られている．ミナミアオカメムシは1950年代には，和歌山県や四国，鹿児島県以南など，国内でも限られた地域でしか生息が確認されていなかった．しかしながら，近畿地方や中四国，九州において分布域の北進現象が相次いで報告されている（湯川・桐谷，2010；Kiritani 2011）．またそれに伴い，かつては日本各地に分布していたアオクサカメムシが，ミナミアオカメムシが分布を拡大してきた地域からいなくなる「南衰」ともいえる現象が生じている．

ミナミアオカメムシはアオクサカメムシに比べ耐寒性が低く，最寒月の平均気温が5.0℃以下の地域では死亡率が高くなり，定着が困難であることが知られている．したがって，ミナミアオカメムシの北進には，前述のナガサキアゲハの事例と同様に，温暖化による冬期の気温の上昇が影響していると考えられる．

また，ミナミアオカメムシは年3世代を繰り返すのに対し，アオクサカメムシは夏に休眠するため年2世代であり，ミナミアオカメムシよりも産卵数も少ない．さらに，両者は種間交尾をすることが知られており，ミナミアオカメムシと交尾したアオクサカメムシのメスは生存日数が著しく低下することが報告されている．こうした増殖力の差や種間交尾による悪影響により，両種が混棲する地域においてアオクサカメムシが衰亡し，種の置き換わりが生じているものと考えられている（湯川・桐谷，2010）．

7.1.6　侵入害虫における分布域の変化

ヤシの害虫として知られる南米原産のチョウ目カストニアガ科の一種 *Paysandisia archon* とメラネシア原産のヤシオオオサゾウムシは，地中海地域に侵入後，しばらくは分布の拡大が見られなかったが，2004 年から 2007 年にかけて急速に分布域を拡大して地中海地方全域に定着した（Roques, 2010）．ヤシオオオサゾウムシは，日本では 1975 年に沖縄への侵入が確認され，近年では関西でも被害が認められるようになっている（曽根，2010；石井，2012）．地球温暖化が，こうした昆虫類にとって，これまで生存できなかった場所への侵入・定着の機会を高めている可能性も指摘されている（Walther *et al.*, 2009；Roques 2010）．なお，外来昆虫の特徴に関しては，第 5 章も参照していただきたい．

7.2　発生時期や年間世代数の変化

7.2.1　フェノロジーの長期観測データ

寒暖を伴った季節性のある亜熱帯以北の地域においては，昆虫に限らず，多くの生物が温度の変化により季節を感知しているため，気候変動によってある地域の気温が変化すると，フェノロジー（生物季節）にも様々な変化が見られる．

昆虫のフェノロジーに関しては過去 100 年以上にわたるような長期間の記録は限られているが，京都におけるヤマザクラの満開日は様々な史料に残されており，これらを繋ぎ合わせることにより，古くは 9 世紀から，そして 1400 年以降はほぼすべての年の満開日が復元されている（たとえば青野，2011）．そしてこれは，おそらく世界で最も長い生物のフェノロジーに関する情報である．この過去 600 年間の京都のヤマザクラの開花記録を解析した Menzel & Dose（2005）は，1400〜1900 年の期間には顕著な早晩の傾向が見られなかったのに対し，1900 年初頭から満開時期の早期化が確認されはじめ，1952 年以降は開花時期が着実に早まっていることを指摘した．

これらの知見は，近年の急速な地球温暖化の進行により，様々な生物のフェノロジーにも大きな影響が及んでいることの傍証となるだろう．この節では，昆虫におけるフェノロジーの変化に関する知見を紹介する．

7.2.2　チョウの出現時期の変化

Roy & Sparks（2000）はイギリスの 35 種のチョウの出現日を調査し，25 種で早期化していることを明らかにした．また，Stefanescu *et al.*（2003）はスペインで調査した 17 種のチョウのすべてで初出現日が早期化していることを示した．さらに，Forister & Shapiro（2003）は中部カリフォルニアにおいて，31 年の間に 23 種のチョウのうち 70％ で初飛翔日が平均 24 日早まったこと，そしてこの変動の 85％ は気象要因で説明可能であることを明らかにした．

一方，温暖化に伴い必ずしも発生が早期化していない例も報告されている．たとえば日本のモンシロチョウの初見日は，1960 年代前半と 2000 年代前半とを比べると全国的に遅延傾向にある（紙谷，2010）．これは，冬の間の寒さ不足の影響で，越冬蛹の休眠が十分に覚醒しないことが原因と考えられている．

7.2.3　アブラムシの出現時期の早期化および出現期間の長期化

イギリスでの 1965 年以来 50 年にわたるアブラムシのサクショントラップ捕獲データを解析した Bell *et al.*（2015）によると，55 種のアブラムシすべてで初飛翔日が早期化しており，うち 49％ では最終の飛翔日も早期化していた．また，85％ の種で飛翔期間（初飛翔日から最終飛翔日までの期間）が長期化していることが判明した．このうち，農業害虫としても知られているモモアカアブラムシが初めて捕獲される日は，1〜2 月の平均気温と有意に相関しており，平均気温が 2℃ 上昇すると，出現日が 1 ヶ月早まると考えられた．一方，一部のアブラムシに関しては，春季の高温化は出現時期の早期化をもたらすのに対し，2 月の温度上昇は出現時期の遅延につながるという報告もある（Senior *et al.*, 2019）．前述のモンシロチョウの事例と同様にこれも冬季の寒さの蓄積不足によるものと考えられている．

7.2.4　休眠を誘導する臨界日長の変化

近年の地球温暖化による気温の上昇は，高緯度地域における暖冬化としてとくに顕著に確認されており，それに伴って，昆虫にとっては冬が遅く始まって早く終わる，つまり，発育可能な期間が長くなるという効果をもたらしている（Bradshaw & Holzapfel, 2007）．ここで興味深い点は，日長は基本的に緯度により決まっているため，地球上のあらゆる場所において，温暖化によりいくら気温が変化しても日長は変化しない，ということである．

昆虫の中には日長を感知して休眠の誘導や覚醒をする性質，すなわち，光周反応が備わっている種も多いため，温暖化に伴って秋のより遅い時期まで発育できるようなったとしても，光周反応が変化せず，ある日長を感知して休眠に入ってしまえば，より遅い時期の発育可能な期間を利用することはできない．一方，温暖化に伴って，秋の休眠に入る時期が遅い個体（＝臨界日長が短い個体）ほど適応度が高まる場合には，その個体群が休眠に入る時期は温暖化に伴って徐々に遅くなる，すなわち，臨界日長が短縮すると予測される．

Bradshaw & Holzapfel（2001）は，北アメリカ東部に分布するウツボカズラカ（蚊）において，温暖化による成長可能期間の長期化に伴い，1970 年代から 1990 年代にかけての 24 年間の間に休眠誘導の光周反応における臨界日長が短縮していることを明らかにした．

そして，このような臨界日長の変化は，次節で述べるように，昆虫の年間世代数（化性）の変化とも密接に関連している．

7.2.5　年間世代数の変化

600 種以上の樹種を加害する北アメリカ原産の広食性害虫アメリカシロヒトリ（図 7.4）は，日本国内では，1940 年代の侵入当初より年 2 世代であったが，1970 年代に年 3 世代の個体群が確認され，現在では北緯 36 度付近を境に，北では年 2 世代，南では年 3 世代の個体群が分布している（Yamanaka *et al.*, 2008）．たとえば福井県では，1990 年代には年 2 世代であったアメリカシロヒトリ個体群が 2000 年代には年 3 世代になったことが知られている（Gomi *et al.*, 2007）．50% の個体が休眠する臨界日長は，1995 年と比べ 2002 年には 25℃

図 7.4　アメリカシロヒトリ　→口絵 15

で 14 分短縮した一方，月別平均気温から算出した福井での年間有効積算温度は 1975 年から 2005 年にかけて増加しており，1998 年以降はほぼ 2200 日度を超え，理論的に年３世代を達成可能であることが明らかになった（Gomi *et al.*, 2007）.

また，Yamanaka *et al.* (2008) は 1960 年代と 1990 年代の気温および両年代におけるアメリカシロヒトリの発育特性をパラメーターとして利用し，齢構造モデルによって気温上昇と本種の発育特性の変化が，相対的にどの程度，年２化から３化への変化に影響したかを推定した．その結果，気温上昇の要因だけでは化性の変化を説明するには不十分であり，成長速度の上昇と臨界日長の短縮による秋季の休眠誘導の遅延が化性の変化に必須であったことを指摘した．

北アメリカ西部に分布し，マツ属やトウヒ属を加害するアメリカマツノキクイムシ（*Dendroctonus ponderosae*）では，1970 年代以降におそらく地球温暖化によるとみられる高標高や高緯度の地域への分布拡大が報告されており，今後もさらに分布が拡大する可能性が指摘されている（加賀谷ほか，2016）．本種による森林の被害は近年著しく深刻化しており，特に温暖化に伴う冬期の死亡率の低下や夏期の乾燥などが影響を与えている可能性がある（加賀谷ほか，2016）．また，温暖化に伴って，ロッキー山脈における本種の生活史が２年１化性から１年１化性へと変化したことにより，1990 年代に大量枯死を引き起こしたことも指摘されている（Logan *et al.*, 2003）.

7.3　遺伝子頻度や種間相互作用の変化

7.3.1　遺伝子頻度の変化

ショウジョウバエにおいては，特定の染色体における逆位が耐熱性と関連しており，南方の個体群ほど暑さに強い遺伝子型の頻度が高いことが知られていた（Rodríguez-Trelles & Rodríguez, 1998）．Rodríguez-Trelles & Rodríguez (1998）は，スペインにおいてショウジョウバエの一種 *Drosophila subobscura* 個体群におけるこの染色体多型の頻度を 1970 年代から 1990 年代にかけて調査し，18 年間で染色体多様性が 18.3% 減少し，耐熱性と関連した逆位型の遺伝子頻度が有意に増加したことを示した．また，Levitan（2003）は，アメリカの複数地点において 1946 年から 2002 年にかけての *Drosophila robusta* の遺伝子頻度を比較し，*D. subobscura* と同様に急速な遺伝子頻度の変化が生じていることを報告した．

7.3.2　昆虫と寄主植物との同時性

昆虫と植物は，温度の感受期や感受の仕方が異なっていると考えられている（湯川，2010）．そのため，前述のように温暖化に伴って昆虫が休眠からうまく覚醒できず，出現時期が遅れると，年によっては植食性昆虫とその寄主植物のフェノロジーが大きくずれることがある．

たとえばクスノキ科のシロダモの葉に虫こぶを形成するシロダモタマバエ（図 7.5）の 50% 羽化日は，産卵可能な新芽の数が最大になる日と著しくずれる年があり，このずれにより次世代の密度が低下することが知られている（湯川，2010）．また，シロダモタマバエは分布北限に近い地域では羽化時期が寄主植物の芽吹き時期に比べて相対的に遅くなる．そのため，発育に適した下枝の開葉時期に間に合わなくなり，発育には不適であるが開葉が遅い樹冠部に虫こぶを形成することが知られている（徳田・湯川，2010）．したがって，温暖化の影響は，分布域の変化のみならず，同一地域において，昆虫の樹木内での空間分布にも影響する場合がある．

図7.5　シロダモタマバエによりシロダモに形成された虫こぶ（シロダモハコブフシ）

イギリスのクモマツマキチョウの出現時期は，寄主植物の一種であるニンニクガラシのフェノロジーの早期化に伴って同様に早まったことが知られている（Sparks & Yates, 1997；Harrington *et al.*, 1999）が，このような事例はむしろ例外的であり，他の多くの系では，温暖化に伴って対象種とその寄主や宿主との間にフェノロジーのずれが観察されている（Visser & Both, 2005）．

前述の分布標高の変化の部分で触れたParmesan（2005）によれば，低標高地域におけるエディタヒョウモンモドキの局地的絶滅は，積雪量の減少に伴ってチョウの出現時期が早まり，寄主のフェノロジーとずれてしまうことが影響していると考えられている．

ナミスジフユナミシャクでは，ふ化時期が寄主植物であるヨーロッパナラの芽吹き時期より早過ぎても遅過ぎても適応度が低下することが知られている．そして，オランダでは，春季の気温が高い影響で，ナミスジフユナミシャクのふ化時期が寄主の芽吹きより相対的に早まり，両者の間にズレが生じていることが指摘されている（Visser & Holleman, 2001）．

ヨーロッパアカタテハは，ヨーロッパ大陸からイギリスなどへの移動飛翔をすることが知られている．本種のイギリスへの移動時期は温暖化に伴って早まっているが，寄主の一つであるセイヨウイラクサの開花フェノロジーは早まっておらず，飛来から開花までの間隔が短くなっている（Sparks *et al.*, 2005；Visser & Both, 2005）．

7.3.3　昆虫と捕食者や捕食寄生者との同時性

Visser & Both (2005) は，フェノロジーの同時性に関する十分な情報がある 11 の系（捕食者–被食者が九つ，植食者–植物が二つ）を比較した結果，七つの系では温暖化によりずれが拡大し，適応度に負の影響が及ぶ可能性があることを指摘した．このうち，昆虫とその捕食者に関しては，ナミスジフユナミシャクなどのチョウ目幼虫のバイオマスがピークとなる時期と，その捕食者であるシジュウカラなどの繁殖フェノロジーとの関係が調査されており，イギリスでは両者がともに早まっているのに対し（Cresswell & McCleery, 2003），オランダではチョウ目幼虫のピーク日は早まっているものの，シジュウカラの繁殖時期に変化は見られなかった（Visser & Both, 2005；Visser *et al.*, 2006）．

また，van Nouhuys & Lei (2004) は，早春の気温が高いほど，コマユバチ科の一種 *Cotesia melitaearum* とグランヴィルヒョウモンモドキの出現時期の同時性が高まることを明らかにした．そして，多くのチョウでは，オスの方がメスよりも早く蛹化するため，温暖化により雌雄間の寄生率が変化し，性比に影響を及ぼす可能性を指摘した．

7.4　地球温暖化の影響予測

7.4.1　異なる地点間での比較

将来の気候変動が生物群集に及ぼす影響を調査する方法の一つとして，緯度帯や標高帯が異なる複数の地点で同時に調査を実施し，地点間での水平比較を行う方法がある．

Rasmann *et al.* (2014) は，アルプス地方において，500 m から 2000 m までの異なる標高帯で 6 種の樹木の食害を調査した結果，標高が上がるにつれて食害が減少することを示した．また，葉の固さやフラボノイド含量といった植物の防御も標高が上がるにつれて増加する傾向が認められた．このことは，温暖化に伴って植食者による被食圧が増大することを示唆している一方で，より高標高の地域に分布している植物は温暖化に伴う植食者の突然の増加にも対応できる可能性を示している．

また，室内飼育が可能な昆虫に関しては，space-for-time substitution と呼ばれる方法が考案されている．この方法は，まず，ある昆虫種を気温が異なる２地点（理想的には，寒冷な地点と，その地点が将来温暖化した場合に到達すると予想される気温の温暖な地点）から採集する．そして，母性効果を排除するため室内で少なくとも２世代にわたり同一条件下で維持した後で，それぞれの系統を寒冷な地点と温暖な地点の温度条件で飼育する．これにより，温度の影響による表現型可塑性と遺伝的な適応とを分離し，適応の実態を明らかにしようというアプローチである（Verheyen *et al.*, 2019）．

7.4.2　仮想温暖化実験

気候変動の影響をより直接的に予測する方法として，実験的に温度を高めた条件下での反応を調査する方法がある．

Nakamura *et al.*（2014）は，電熱線を用いてミズナラの枝や周辺土壌を３年間にわたり約 5℃ 温暖化させることにより，昆虫との相互作用の変化を調査した．その結果，枝の温暖化は昆虫による食害に有意な影響を及ぼさなかったものの，土壌温暖化により葉の窒素分が有意に低下し，栄養的な質は低下したが，防御物質であるフェノール濃度が増加し，対照区に比べて昆虫による食害が減少した．また対照区と土壌温暖化処理区の差は年を経るにつれて拡大した．

Jamieson *et al.*（2015）は，アメリカ（ミネソタ州北部）において野外で次のような温暖化の再現実験を実施した．直径３m の範囲内の温度を，地下部に設置した発熱ケーブルと地上部に設置したセラミック発熱体により数年間にわたり人工的に 1.7℃ および 3.4℃ 高めた．そして，北米においてしばしば大発生するカレハガ科の一種 *Malacosoma disstria*（英名：forest tent caterpillar）と，その寄主植物であるアメリカヤマナラシ（*Populus tremuloides*）およびアメリカシラカンバ（*Betula papyrifera*）について調査するというものである．その結果，温暖化処理区では寄主植物の糖分含量，縮合タンニン，リグニン量などに減少が見られた．それぞれの葉を用いて同一温度条件下で *M. disstria* を飼育した結果，温暖化処理した葉では発育期間の長期化と摂食量の増大にともない，食物転換効率は有意に低下したものの，終齢幼虫の体サイズには負の影響は見られなかった．この結果は，温暖化に伴って低下した食物としての寄主葉の質を，摂食量の増加という補償反応で昆虫が対応したことを示唆している．

Sagata & Gibb (2016) は，オーストラリアでセキザイユーカリ（*Eucalyptus camaldulensis*）とそれを寄主とするフクロカイガラムシ科の一種 *Eriococcus coriaceus,* そしてカイガラムシに随伴する土着のアリである *Iridomyrmex rufoniger* の系を用いて，温暖化を想定した室内試験により三者系にどのような変化が見られるかを調査した．その結果，植物の成長とアリの採餌行動は温暖化処理区で有意に増加したが，カイガラムシの成長や個体数，サイズなどは減少したため，温暖化によってカイガラムシの被害が減少する可能性があることを指摘した．

Musolin *et al.* (2010) は，将来の地球温暖化がミナミアオカメムシに及ぼす影響を明らかにするため，外気温よりも 2.5℃ 高くなるように設定した仮想温暖化装置を使用して，自然日長下で様々な時期にミナミアオカメムシの卵塊を導入し，外気温と同様の温度条件の対照区との間で生育を比較した．その結果，6 月や 7 月から卵塊を導入した際には仮想温暖化区と対照区の間にそれほど違いは見られなかったが，8 月に導入した場合，仮想温暖化区では高温障害と見られる発育遅延や成虫への脱皮失敗が確認された．このことは，夏季のさらなる温暖化は本種にとって不利に働くことを示唆している．一方，9 月に導入した場合，仮想温暖化区の方が発育が早まった上に成虫の体サイズが大きくなり，さらに越冬時の生存率も有意に高まったことから，秋季や冬季の温暖化は本種にとって有利に働くと考えられた (Musolin *et al.*, 2010；藤崎，2010)．また，Kikuchi *et al.* (2016) は，仮想温暖化区で夏季に飼育したミナミアオカメムシにおいて腸内細菌が有意に減少していることや，抗生物質処理により腸内細菌を除去した際にも高温障害と同様の表現型が確認されたことなどから，仮想温暖化区で見られた高温障害の原因は，昆虫自体への影響ではなく，体内の腸内細菌を介して間接的に生じたものであろうと指摘した．

7.4.3　モデルによる予測

気候変動に伴う生物の将来的な分布変化に関してモデルを用いて予測する取

り組みも試みられている．トドマツの害虫として知られるトドマツオオアブラムシについて，温度と発育の関係から，被害が許容限界以上に達する危険地帯の面積が現状では北海道全体の18％であるが，2℃の気温上昇により75％に，3℃の上昇でほぼすべての地域に達することが予測されている（尾崎，2012）．同じく北海道でトウヒ類の害虫として知られるヤツバキクイムシは，現在，多くの地域で年2世代の発生であるが，温暖化の進行により2091～2100年には北海道の39％の地域で年3世代の発生が見込まれ，被害の深刻化が懸念されている（尾崎，2014）．

マツノマダラカミキリによって媒介され，世界的にマツ類に深刻な被害を及ぼしているマツ材線虫病の被害が発生しやすい地域は，地球温暖化が速く進行した場合，2070年までにマツの分布域の50％に拡大する恐れがあると試算されている（Hirata *et al.*, 2017）．

また，気候情報と生物の分布や生態情報から気候変動に伴うその生物の潜在的な分布可能域を予測するソフトウェアであるCLIMEXを用いて，農作物の害虫であるハムシ科の一種 *Cerotoma trifurcata*（Berzitis *et al.*, 2014）やムギチャイロカメムシ（Aljaryian *et al.*, 2016），あるいは，アメリカシロヒトリ（Ge *et al.*, 2019）などにおける将来的な分布域の変化が予測されている．

7.5　気温以外の要因の影響 

7.5.1　気候要因の変動幅

Stireman III *et al.*（2005）は，チョウ目幼虫と寄生蜂の15の系に関するデータを解析し，地球温暖化に伴う降水量の年次変動の増加といった気候要因の変動幅の増加が，寄生率に有意な負の影響を与えていることを明らかにした．このことは，気温上昇そのものでなく，温暖化に伴う気候要因の変動幅の増加により，植食者個体群における大発生の程度や頻度が増加する場合があることを示唆している．

7.5.2　二酸化炭素濃度の増加

地球温暖化と密接に関連している現象として，大気中の二酸化炭素濃度の増加があげられる．植物にとっては二酸化炭素濃度が上昇すると光合成速度が増加するため，より速く成長することが可能となる．また，利用できる炭素（C）量が増えることにより，植物体内では，窒素（N）に対する相対的な炭素の比率（C/N 比）が高くなる．チョウ目幼虫では，植物体内における相対的な窒素量の減少や二次代謝産物の増加により負の影響が及ぶ例が多く知られている（桐谷，2008）．たとえば，オオタバコガでは，高二酸化炭素濃度下において幼虫の発育期間が長くなり，かつ，生存率が低下した（Wu *et al.*, 2007）．一方，吸汁性のアブラムシなどでは影響を受けにくいことが明らかになっており，おそらく植物の質の変化に対して摂食行動の変化やアミノ酸の合成などにより何らかの補償をしているのではないかと考えられている（Hughes & Bazzaz, 2001；桐谷，2008；松村・桐谷，2010）．

Stiling & Cornelissen（2007）は，上部開放型の温室を用いて二酸化炭素濃度を約 2 倍にした処理区と対照区の間で，9 年間にわたりコナラ属植物上の潜葉性昆虫の密度を比較した．その結果，調査した 3 種の樹種上で，6 種の潜葉性昆虫すべてが処理区において減少した．処理区における植物のバイオマスや C/N 比，防御物質であるタンニンやフェノール含量の増加が，昆虫の成長遅延や密度低下をもたらしたことが示唆された．

7.5.3　都市化や乾燥化

近年，大阪で増加しているクマゼミは，地球温暖化やヒートアイランドによる気温上昇に伴ってふ化時期が早期化し，一齢幼虫の生存に適した梅雨時期にふ化するようになったことが増加の一因としてある．また，それに加え，都市化に伴う乾燥や公園などの地表面の清掃による地面の固さの増加など，複数の要因がクマゼミに有利に働いた結果，高密度化したと考えられている（Moriyama & Numata, 2009；2010；2011；2015；沼田，2016）．

おわりに

本章で取り上げたように，地球温暖化をはじめとする気候変動の影響は，単に気温上昇に伴って冬季の生存率が上昇する，といった直接的な影響に留まらず，様々な生物的・非生物的要素が複雑に絡み合っている．したがって，確認された事象が本当に温暖化の直接的な影響によるものなのかを議論する際には慎重な解析が必要であるし，将来の予測をする際にも，寄主植物や天敵，そして他の競争者といった様々な要素を考慮する必要があり，一筋縄ではいかないのが現状である．

ある昆虫が地球温暖化により受ける影響を明らかにする上で重要な点は，温暖化と関連するどのような要素が，その種のどの発育段階にどのような決定的な変化を与えるかを解明することであろう．

これまでの研究事例の多くは，年一化性や多化性の昆虫を対象としているが，樹木を利用する昆虫の中には，世代期間が長い種も多く，温暖化の影響を明らかにする上で長期にわたる調査が必要な場合もある．しかし逆に，そういった生物について温暖化の及ぼす影響を明らかにすることができれば，昆虫のみならず，世代期間の長い他の生物分類群との比較を考えるうえでも興味深い成果が得られることが期待される．

引用文献

Aljaryian, R., Kumar, L. & Taylor, S. (2016) Modelling the current and potential future distributions of the sunn pest *Eurygaster integriceps* (Hemiptera : Scutelleridae) using CLIMEX. *Pest Manag. Sci.*, **72**, 1989–2000.

Andrew, N. R., Hill, S. J. *et al.* (2013) Assessing insect responses to climate change : What are we testing for ? Where should we be heading ? *PeerJ*, e11. (DOI 10.7717/peerj.11)

青野靖之（2011）史料による春の開花記録の特徴と気候復元への応用の可能性．時間学研究，**4**，17–29.

Battisti, A. Stastny, M. *et al.* (2005) Expansion of geographic range in the pine processionary moth caused by increased winter temperatures. *Ecol. Appl.*, **15**, 2084–2096.

Bell, J. R., Alderson, L. *et al.* (2015) Long-term phenological trends, species accumulation rates, aphid traits and climate : five decades of change in migrating aphids. *J. Anim. Ecol.*, **84**, 21–34.

Berzitis E. A., Minigan, J. N. *et al.* (2014) Climate and host plant availability impact the future distribution of the bean leaf beetle (*Cerotoma trifurcata*). *Glob. Change Biol.*, **20**, 2778–2792.

Boukal, D.S., Bideault, A. *et al.* (2019) Species interactions under climate change: connecting kinetic effects of temperature on individuals to community dynamics. *Curr. Opin. Insect. Sci.*, **35**, 88–95.

Bradshaw, W. E. & Holzapfel, C. M. (2001) Genetic shift in photoperiodic response correlated with global warming. *Proc. Natl. Acad. Sci. USA*, **98**, 14509–14511.

Bradshaw, W. E. & Holzapfel, C. M. (2007) Evolution of animal photoperiodism. *Ann. Rev. Ecol. Evol. Syst.*, **38**, 1–25.

Cresswell, W. & McCleery R. (2003) How great tits maintain synchronization of their hatch date with food supply in response to long-term variability in temperature. *J. Anim. Ecol.*, **72**, 356–366.

de Boer, J. G. & Harvey, J. A. (2020) Range-expansion in processionary moths and biological control. *Insects*, **11**, 267. (DOI 10.3390/insects11050267)

Descimon, H., Bachelard, P. *et al.* (2006) Decline and extinction of *Parnassius apollo* populations in France — continued. In: *Studies on the Ecology and Conservation of Butterflies in Europe, vol.1* (eds. Kühn, E. *et al.*), pp. 114–115, Pensoft Publishers.

Fält-Nardmann, J. J. J., Tikkanen, O.-P. *et al.* (2018) The recent northward expansion of *Lymantria monacha* in relation to realised changes in temperatures of different seasons. *For. Ecol. Manag.*, **427**, 96–105.

Forister, M. L. & Shapiro, A. M. (2003) Climatic trends and advancing spring flight of butterflies in lowland California. *Glob. Change Biol.*, **9**, 1130–1135.

Frank, S. D. & Just, M. G. (2020) Can cities activate sleeper species and predict future forest pests? A case study of scale insects. *Insects*, **11**, 142. (DOI 10.3390/insects11030142)

藤崎憲治 (2010) 仮想温暖化装置を用いたミナミアオカメムシの発生予測. 地球温暖化と昆虫 (桐谷圭治・湯川淳一 編), pp. 285–299, 全国農村教育協会.

Ge, X., He, S. *et al.* (2019) Projecting the current and future potential global distribution of *Hyphantria cunea* (Lepidoptera: Arctiidae) using CLIMEX. *Pest Manag. Sci.*, **75**, 160–169.

Gomi, T., Nagasawa, M. *et al.* (2007) Shifting of the life cycle and life-history traits of the fall webworm in relation to climate change. *Entomol. Exp. Appl.*, **125**, 179–184.

Haeger, J. F. (1999) *Danaus chrysippus* (Linnaeus 1758) en la Península Ibérica: migraciones o dinámica de metapoblaciones? *Shilap*, **27**, 423–430.

Harrington, R., Woiwod, I. *et al.* (1999) Climate change and trophic interactions. *Trends Ecol. Evol.*, **14**, 146–150.

Hirata, A., Nakamura, K. *et al.* (2017) Potential distribution of pine wilt disease under future climate change scenarios. *PLoS One*, **12**, e0182837.

Hughes, L. & Bazzaz, F. A. (2001) Effects of elevated CO2 on five plant-aphid interactions. *Entomol. Exp. Appl.*, **99**, 87–96.

井上大成 (2011) ムラサキツバメの分布拡大と生活史. 地球温暖化と南方性害虫 (積木久明 編), pp. 72–83, 北隆館.

石井 実 (2012) 温暖化にともなう南方系害虫の動向. 熱帯農業研究, **5**, 135–138.

伊藤嘉昭（2009）琉球の蝶：ツマグロヒョウモンの北進と擬態の謎にせまる，pp. 105，東海大学出版会.

Jamieson, M. A., Schwartzberg, E. G. *et al.* (2015) Experimental climate warming alters aspen and birch phytochemistry and performance traits for an outbreak insect herbivore. *Glob. Change Biol.*, **21**, 2698–2710.

加賀谷悦子・上田明良 ほか（2016）アメリカマツノキクイムシ（コウチュウ目：キクイムシ科）の生態と随伴生物：日本への侵入リスクの考察のために. 日本応用動物昆虫学会誌，**60**，77–86.

鎌田直人・佐藤信輔 ほか（2010）降雪量とブナ林の昆虫個体群. 地球温暖化と昆虫（桐谷圭治・湯川淳一 編），pp. 247–256，全国農村教育協会.

紙谷聡志（2010）初見日と初鳴日. 地球温暖化と昆虫（桐谷圭治・湯川淳一 編），pp. 108–120，全国農村教育協会.

Kikuchi. Y., Tada, A. *et al.* (2016) Collapse of insect gut symbiosis under simulated climate change. *mBio,* **7**, e01578–16.

桐谷圭治（2001）昆虫と気象，pp. 177，成山堂書店.

桐谷圭治（2008）高 CO_2 ガスが咀嚼性および吸汁性昆虫に及ぼす影響. 昆虫と自然，**42**，2–5.

Kiritani, K. (2011) Impacts of global warming on *Nezara viridula* and its native congeneric species. *J. Asia-Pac. Entomol.*, **14**, 221–226.

桐谷圭治・湯川淳一（2010）地球温暖化と昆虫，pp. 347，全国農村教育協会.

Levitan, M. (2003) Climatic factors and increased frequencies of ‘southern’ chromosome forms in natural populations of *Drosophila robusta. Evol. Ecol. Res.*, **5**, 597–604.

Logan, J. A., Réngière, J. *et al.* (2003) Assessing the impacts of global warming on forest pest dynamics. *Front. Ecol. Environ.*, **1**, 130–137.

松村正哉・桐谷圭治（2010）植物を通しての影響：CO_2 濃度の上昇による植物〜昆虫相互作用の変化. 地球温暖化と昆虫（桐谷圭治・湯川淳一 編），pp. 309–314，全国農村教育協会.

Menzel, A. & Dose, V. (2005) Analysis of long-term time series of the beginning of flowering by Bayesian function estimation. *Meteorol. Z.*, **14**, 429–434.

Moriyama, M. & Numata, H. (2009) Comparison of cold tolerance in eggs of two cicadas, *Cryptotympana facialis* and *Graptopsaltria nigrofuscata,* in relation to climate warming. *Entomol. Sci.*, **12**, 162–170.

Moriyama, M. & Numata, H. (2010) Desiccation tolerance in fully developed embryos of two cicadas, *Cryptotympana facialis* and *Graptopsaltria nigrofuscata. Entomol. Sci.*, **13**, 68–74.

Moriyama, M. & Numata, H. (2011) A cicada that ensures its fitness during climate warming by synchronizing its hatching time with the rainy season. *Zool. Sci.*, **28**, 875–881.

Moriyama, M. & Numata, H. (2015) Urban soil compaction reduces cicada diversity. *Zool. Lett.*, **1**, 19.

Musolin, D. L., Tougou, D. *et al.* (2010) Too hot to handle? Phenological and life-history responses to simulated climate change of the southern green stink bug *Nezara viridula* (Heteroptera: Pentatomidae). *Glob. Change Biol.*, **16**, 73–87.

Nakamura, M., Nakaji, T. *et al.* (2014) Different initial responses of the canopy herbivory rate in mature oak trees to experimental soil and branch warming in a soil-freezing area. *Oikos,* **124**, 1071–

1077.
沼田英治（2016）クマゼミから温暖化を考える．pp. 175，岩波書店．
尾崎研一（2012）地球温暖化によるトドマツオオアブラムシの世代数増加と被害拡大の予測．森林防疫，**61**，64–69.
尾崎研一（2014）北海道における地球温暖化によるヤツバキクイムシの世代数変化予測．森林防疫，**63**，142–150.
Parmesan, C.（2005）Detection at multiple levels：*Euphydryas editha* and climate change. Case study. *in* Climate Change and Biodiversity（eds. Lovejoy, T. & Hannah, L.），pp. 56–60, TERI Press.
Parmesan, C.（2006）Ecological and evolutionary responses to recent climate change. *Ann. Rev. Ecol. Evol. Syst.*, **37**, 637–669.
Parmesan, C., Ryrholm, N. *et al.*（1999）Poleward shifts in geographical ranges of butterfly species associated with regional warming. *Nature*, **399**, 579–583.
Pearson, R. G. & Dawson, T. P.（2003）Predicting the impacts of climate change on the distribution of species：are bioclimate envelope models useful？ *Glob. Ecol. Biogeogr.*, **12**, 361–371.
Rasmann, S., Pellissier, L. *et al.*（2014）Climate-driven change in plant-insect interactions along elevation gradients. *Funct. Ecol.*, **28**, 46–54.
Rodríguez-Trelles, F. & Rodríguez, M. A.（1998）Rapid micro-evolution and loss of chromosomal diversity in *Drosophila* in response to climate warming. *Evol. Ecol.*, **12**, 829–838.
Roques, A.（2010）Alien forest insects in a warmer world and a globalised economy：impacts of changes in trade, tourism and climate on forest biosecurity. *NZ J. For. Sci.*, **40**（Suppl），S77–S94.
Roy, D. B. & Sparks, T. H.（2000）Phenology of British butterflies and climate change. *Glob. Change Biol.*, **6**, 407–416.
Sagata, K. & Gibb, H.（2016）The effect of temperature increases on an ant-Hemiptera-plant interaction. *PLoS One*, **11**, e0155131.
佐藤信輔・津田　清　ほか（2010）ブナの衰退がブナタマバエ類の種数を減らす．地球温暖化と昆虫（桐谷圭治・湯川淳一 編），pp. 257–259，全国農村教育協会．
Senior, V. L., Evans, L. C. *et al.*（2019）Phenological responses in a sycamore-aphid-parasitoid system and consequences for aphid population dynamics：A 20 year case study. *Glob. Change Biol.*, **26**, 2814–2828.
Sparks, T. H. & Yates, T. J.（1997）The effect of spring temperature on the appearance dates of British butterflies 1883–1993. *Ecography*, **20**, 368–374.
Sparks, T. H., Roy, D. B. *et al.*（2005）The influence of temperature on migration of Lepidoptera into Britain. *Glob. Change Biol.*, **11**, 507–514.
Stefanescu, C., Peñuelas, J. *et al.*（2003）Effects of climatic change on the phenology of butterflies in the northwest Mediterranean Basin. *Glob. Change Biol.*, **9**, 1494–1506.
Stiling, P., Cornelissen, T.（2007）How does elevated carbon dioxide（CO_2）affect plant-herbivore interactions？ A field experiment and meta-analysis of CO_2-mediated changes on plant chemistry and herbivore performance. *Glob. Change Biol.*, **13**, 1823–1842.
曾根晃一（2010）ヤシオオオサゾウムシ．昆虫の低温耐性（積木久明・田中一裕 ほか編），pp. 282–

283，岡山大学出版会．
田中誠二・檜垣守男 ほか（2004）休眠の昆虫学，pp. 329，東海大学出版会．
Thomas, C. D., Singer, M. C. *et al.* (2001) Catastrophic extinction of population sources in a butterfly metapopulation. *Am. Nat.*, **148**, 957–975.
富樫一巳（2008）地球温暖化と森林害虫．昆虫と自然，**43**，11–14．
徳田 誠・湯川淳一（2010）樹冠から下枝へ，生活舞台の移動．地球温暖化と昆虫（桐谷圭治・湯川淳一 編），pp. 140–150，全国農村教育協会．
van Nouhuys, S. & Lei, G. (2004) Parasitoid-host metapopulation dynamics: the causes and consequences of phenological asynchrony. *J. Anim. Ecol.*, **73**, 526–535.
Verheyen, J., Tüzün, N. & Stoks, R. (2019) Using natural laboratories to study evolution to global warming: contrasting altitudinal, latitudinal, and urbanization gradients. *Curr. Opin. Insect Sci.*, **35**, 10–19.
Visser, M. E. & Both, C. (2005) Shifts in phenology due to global climate change: the need for a yardstick. *Proc. Roy. Soc. B*, **272**, 2561–2569.
Visser, M. E. & Holleman, L. J. M. (2001) Warmer springs disrupt the synchrony of oak and winter moth phenology. *Proc. Roy. Soc. B*, **268**, 289–294.
Visser, M. E., Holleman, L. J. M. *et al.* (2006) Shifts in caterpillar biomass phenology due to climate change and its impact on the breeding biology of an insectivorous bird. *Oecologia*, **147**, 164–172.
Walther G. R., Roques, A. *et al.* (2009) Alien species in a warmer world: risks and opportunities. *Trends Ecol. Evol.*, **24**, 686–693.
Wu, G., Chen, F. J. *et al.* (2007) Response of successive three generations of cotton bollworm, *Helicoverpa armigera* (Hübner), fed on cotton bolls under elevated CO_2. *J. Environ. Sci.*, **19**, 1318–1325.
Yamanaka, T., Tatsuki, S. *et al.* (2008) Adaptation to the new land or effect of global warming? An age-structured model for rapid voltinism change in an alien lepidopteran pest. *J. Anim. Ecol.*, **77**, 585–596.
吉尾政信・石井 実（2001）ナガサキアゲハの北上を生物季節学的に考察する．日本生態学会誌 **51**，125–130．
吉尾政信・石井 実（2010）気候温暖化とナガサキアゲハの分布拡大．地球温暖化と昆虫（桐谷圭治・湯川淳一 編），pp. 54–71，全国農村教育協会．
湯川淳一（2010）昆虫と寄主植物のフェノロジーとの同時性．地球温暖化と昆虫（桐谷圭治・湯川淳一 編），pp. 121–139，全国農村教育協会．
湯川淳一・桐谷圭治（2010）北上するミナミアオカメムシと局地的に絶滅するアオクサカメムシ．地球温暖化と昆虫（桐谷圭治・湯川淳一 編），pp. 72–89，全国農村教育協会．

第5部

複合影響

終 複合要因による影響

牧野俊一

はじめに

本書ではここまで，森林昆虫の多様性や個体群の動態がさまざまな要因，とりわけ人為的要因の影響を受けて変化することを見てきた．しかし変化の要因は一つとは限らない．私たち人間がその一部として成立している生態系で生じる現象は，いかなるものであっても，単一の原因のみに帰しうることはむしろ少なく，複数の要因の産物であることのほうが多いはずである．核となる必須の要因はあるにしても，その働きを促進したり抑制したりする副次的な要因があいまって実際の現象が出現する．だがこうした複数の要因どうしの関係は，各々の影響の大きさや相互関係の性質を定量化しにくいことが多く，そのため，解釈にもえてして社会的背景にもとづく主観が混入しやすい．時間的・空間的なスケールの制約があるため野外での厳密な実験設定や十分な繰り返し実験の回数を確保することが難しい森林を対象とした場合，こうしたあいまいさや解釈の恣意性が発生する余地はいっそう大きいといえるかもしれない．とはいえ，要因間の相互関係の性質や相対的重要性について厳密な定量化やプロセスの記述が現時点では困難であっても，考え得る要因，そしてそれらの相互作用を知っておくことは重要であろう．

本章では，昆虫が関与する，よく知られた二つの生物被害を取り上げ，複数の要因がどのように関連しているか，さらにそれらの被害がいかなる波及的な影響を与えうるかを考える．取り上げる例は，マツ材線虫病（図 8.1）とブナ

図 8.1　マツ材線虫病（松枯れ）被害にあったリュウキュウマツ
沖縄島中部，2015 年 11 月撮影．→口絵 16

図 8.2　ブナ科樹木萎凋病（ナラ枯れ）の激害の遠景
滋賀県，2010 年 10 月撮影．→口絵 17

科樹木萎凋病（図 8.2）である．双方とも昆虫によって媒介される病原体が樹木を枯死させる伝染病という点で共通し，森林のアンダーユース（第 3 章）や気候変動（第 7 章）の観点からすでに述べられている．本章ではこの二つの伝染病の直接の要因に触れることはもちろん，他の要因も含めてより広い角度から見てみたい．

これら二つの生物被害は，被害量の点でも，社会に与える影響の点でも，わが国における最も重要な部類に属する．近年はピーク時に比べると被害量は減っているとはいえ，2018 年にはマツ材線虫病は全国で 35 万 m^3，ブナ科樹木萎凋病は 4.5 万 m^3 の樹木を枯損させている（図 8.3）．マツ類やナラ類には，もちろん材や樹木そのものの経済的な価値がある．しかし，それに加えて，あるいはそれ以上に，これらの樹木が生い茂ることでもたらされる風景は，多く

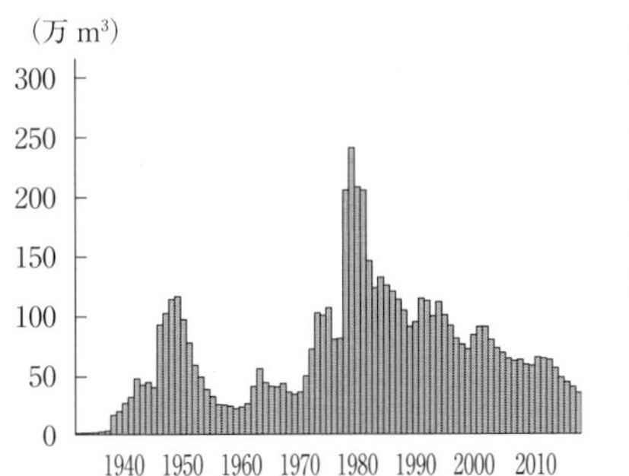

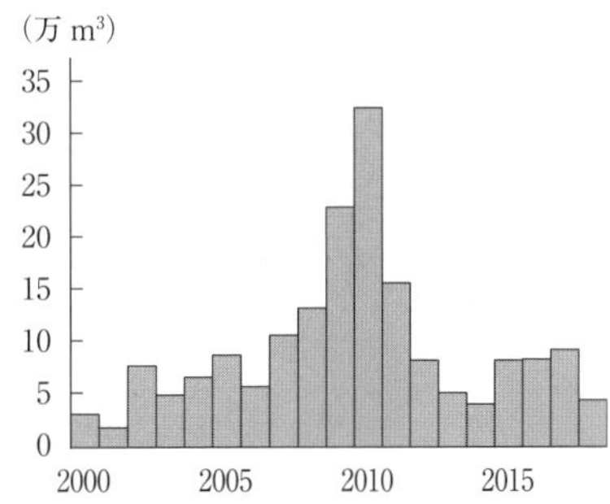

図 8.3　日本におけるマツ材線虫病（左）とブナ科樹木萎凋病（右）による枯損材積の年次推移
左図の 1932〜1982 年分の出典は岸（1988）．1983 年以降は「林野庁　全国の松くい虫被害量（被害材積）の推移」(https://www.rinya.maff.go.jp/j/press/hogo/attach/pdf/191018-1.pdf)，右図は「林野庁　ナラ枯れ発生状況」(https://www.rinya.maff.go.jp/j/hogo/higai/naragare_R1.html）より．

の人にとって「白砂青松」「里山」といった情緒的，審美的な価値を持っている．マツ枯れやナラ枯れのせいで赤褐色となり季節外れの「紅葉」を示す森林のありさまは，こういった理由からも社会的な関心の的になりやすい．

マツ材線虫病の病原体がマツノザイセンチュウ（*Bursaphelenchus xylophilus*），ブナ科樹木萎凋病のそれが真菌類の *Raffaelea quercivora*，通称「ナラ菌」であることは，接種試験等によって繰り返し確かめられてきた．またこれら病原体がそれぞれマツノマダラカミキリ（*Monochamus alternatus*），カシノナガキクイムシ（*Platypus quercivorus*）というコウチュウ目昆虫によって媒介されることも確立された事実である（図 8.4；図 8.5）．これら病原体と媒介者が存在しなければ野外での伝染環は完結しない．しかしこれら必須の要因に加えて，被害の地理的拡大や，激しさの程度に影響する（あるいはしうる）要因が多数あることが指摘されている．人間の伝染病でも，主因が各々の病原体であるのはもちろんだが，当人の栄養状態や生活状態，社会状況（副因もしくは誘因）によって，病原体に対する抵抗性や病状の重篤さが異なるように，樹病においても多くの外的・内的要因が被害の進行やその程度を左右する．以下では上記二つの病害に影響する（しうる）代表的な要因について述べるが，その効果が十分なテストを受けていないもの，議論が進行中のものもある．ここにあえて述べるのは，今後，十分なテストがなされることを期待してのことである．

なお，マツ材線虫病，ブナ科樹木萎凋病はそれぞれ「松枯れ」「ナラ枯れ」

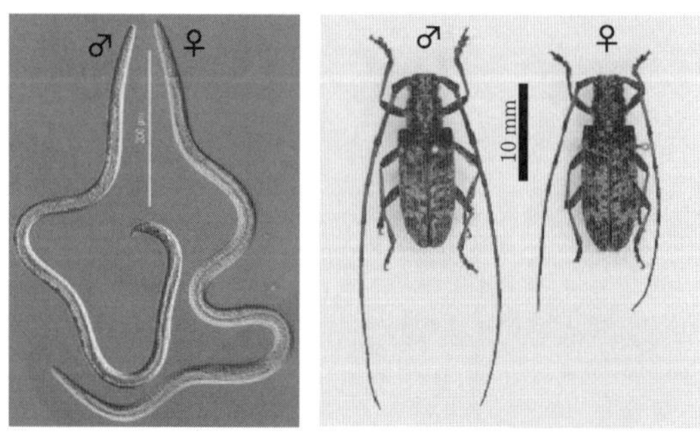

図 8.4　マツノザイセンチュウ（左）とその媒介者マツノマダラカミキリ（右）
左図は神崎菜摘氏原図．→口絵 18

図 8.5 「ナラ菌」（*Raffaelea quercivora*）（左）とその媒介者カシノナガキクイムシ（右）
左図は窪野高徳氏原図．→口絵 19

と通称されることが多く，本章でも同義で用いる．マツ材線虫病が「松くい虫」と呼ばれることもあるが，これは枯損の正体が不明だった当時の名残である．現在では行政・法律用語としての「松くい虫」はマツノマダラカミキリを指す．

8.1　マツ材線虫病（松枯れ）

8.1.1　主因

マツ材線虫病は病害としての重要性が高いだけでなく寄主（マツ），病原体（マツノザイセンチュウ），媒介者（マツノマダラカミキリ），これら三者がつくる系に見られる複雑な関係，さらにそれらを取り巻く種々の生物たちとこの系との相互作用が生態学的にも興味深いものであることから，多くの研究材料を提供してきた．

マツノザイセンチュウは北米原産の外来種である（真宮，2002）．原産地では当地のマツを寄主とするが，基本的には在来種を枯らすことはない．マツ材線虫病と考えられる日本での最初の例は矢野（1913）の報告に見られる1905〜1906年に長崎で生じたマツの集団枯損である（岸，1988）．おそらくこれに先立つ時期に，原産地での媒介者（たとえばマツノマダラカミキリと同属の *M. carolinensis* などの可能性がある）に加害された木材（梱包材など）が日本に輸入され，そこから羽化した媒介者に便乗していた北米産マツノザイセンチュウによって近辺の在来マツが感染した――これが日本におけるマツ材線虫病の始まりと考えられる（槙原，1997）．この病原体は，その後媒介者（運搬者）を日本の在来種マツノマダラカミキリに乗り換えて全国に広がった．多くの侵略的外来種がそうであるように，マツノザイセンチュウも，人間による非意図的導入が発端なのである．この線虫が枯損原因であることが接種試験によって突き止められたのは最初の被害から70年近く経過した1970年（清原・徳重，1971）であった．

上記のようにマツノザイセンチュウは原産地のマツを枯らすことはない．一方，アカマツ，クロマツ，リュウキュウマツといった二葉松ばかりでなく，ヤクタネゴヨウやヒメコマツといった五葉松も含め，日本産マツ属（*Pinus*）のほとんどはこの病気に対して感受性がある（真宮，2002）．また，やはりマツノザイセンチュウの侵入によって被害を受けているヨーロッパやアジア各地における在来マツ類の多く，フランスカイガンショウ（*P. pinaster*）やバビショウ（*P. massoniana*）等も感受性である（清原，1997）．

媒介者であるマツノマダラカミキリは初夏に羽化するが，雌雄とも羽化後に摂食しないと卵巣，精巣とも発達せず性的に成熟できない（遠田・野淵，1970；野淵，1976）．羽化後の摂食は後食（こうしょく）と呼ばれるが，本種はマツの枝の樹皮を後食し，その食痕からカミキリ体内のマツノザイセンチュウが樹体に侵入する．これが主な感染方法である．侵入した線虫は樹体内に張り巡らされた樹脂道（樹脂の通り道）を通って幹に移動し，その際，破壊された周囲の柔細胞から放出される防御物質や樹脂成分が油滴となって仮導管を閉塞し水を遮断する．こうなると，葉からの蒸散によって水が吸い上げられても途中で水切れが起きて気泡が生じ，いっそうの水分不足となり枯死に至る（市原，2019）．なお，マツノザイセンチュウが持つバクテリアがマツに対する病原性に関与するという報告もあるが，無菌のマツノザイセンチュウを接種しても発病することも知られており，より詳しい研究が必要であろう（Vincent *et al.*, 2012）．

マツノマダラカミキリは，基本的には，衰弱した，または枯死後間もないマツにしか産卵しない．衰弱・枯死したマツが放出するα-ピネンやエタノールがカミキリ成虫の誘引に関与する（池田ほか，1986）．内樹皮や材を食べて成長した幼虫が翌年蛹化するとき，材内で増殖した線虫が気門を通してカミキリ体内に移動する．マツ材線虫病が日本で発生する以前は，そうした好適な産卵資源は決して多くなかったのに対して，本病が蔓延することで，枯死するマツが大量に供給され，マツノマダラカミキリの繁殖にとって好適な状況が出現した（富樫，2006）．上記のようにマツノザイセンチュウは，主に後食による傷口から樹体内に侵入するので，マツノマダラカミキリの個体数が増えれば，感染によって枯死するマツも増加する．これがさらにカミキリの産卵資源を増加させるという正のフィードバックがもたらされたことが，今日まで続く激しい被害の最も大きな原因と考えられる．

一方，マツノザイセンチュウ原産地の北米では，在来種のマツはこの線虫に抵抗性があるため被害らしい被害はほとんど発生していない（Dwinell & Nickle, 1989）．第5章で述べられているように，原産地では無害に近い生物が，ひとたび他の地域に侵入した後に様々な悪影響をもたらす例は少なくないが，マツノザイセンチュウもその一つと言える．

8.1.2　副因

主因であるマツノザイセンチュウによる枯損を助長・促進する（しうる）ものとして，多数の要因が指摘されており，一部は実験等によって確かめられている．代表的なものについて見ていこう．

A. 人為移動

そもそも原産地の北米から持ち込まれたマツノザイセンチュウがマツ材線虫

病の発端であったことが象徴的に物語るように，大量輸送手段の発達や人間の活動範囲の飛躍的増大は，国内外を問わず，本病の分布範囲や拡大速度に大きな影響を及ぼしている．

日本国内でも被害拡大の大きな要因の一つが，マツノマダラカミキリと線虫の入った被害材の移動と考えられる．むろんカミキリ成虫の自発的移動も無視できない．事実成虫の移動によって年間で数 km〜20 km の被害拡大が生じうると報告されている（岸，1988）．しかし被害材の人為移動が生じると，桁違いの規模での被害地の拡散（拡大）が起きる．たとえば中国大陸での被害拡大を調べた研究によれば，成虫によると思われる短距離の被害拡大距離は年平均 7.5 km であるのに対して，人為的移動と思われる長距離移動は年平均 111〜339 km と推定され，それには鉄道や船舶（河川）による材の運搬が関係しているとされる（Robinet *et al.*, 2009）．

日本国内での被害は決して地理的に近い場所から連続して拡大するばかりではない．既存被害地から遠く離れた場所でも新たな被害が始まったことがしばしばあり，その発端はパルプ工場や造船所など，被害材が集積されやすい場所であることが多かった（岸，1988）．このことも人為移動を強く示唆している．

こうした人為的な移動の端的な例が離島への被害拡大であろう．小笠原諸島（遠田，1978；清水，1984）や沖縄島（国吉，1974）への被害拡大の原因は，明らかに本土からの被害材（おそらく建設用資材）に混じってマツノザイセンチュウが侵入したためと考えられる．たとえば沖縄島に関しては，沖縄返還の翌年である 1973 年，本土の建設業者がトンネル工事に伴い九州や本州方面から持ち込んだ土建用マツ材（アカマツ，クロマツ）を集積していた近辺で，リュウキュウマツが急激に枯死した記録が詳しく残されており（国吉，1974），運ばれたマツ材からは実際にマツノザイセンチュウが検出されている．また，鹿児島県奄美大島や沖永良部島での被害発生は，それぞれ 1990 年，1997 年に起きた台風被害の復旧資材とともにマツ材線虫病の被害材が持ち込まれたためと考えられている（田實ほか，2000）．

さらに小笠原のリュウキュウマツでも，沖縄への本病の侵入と同じ 1973 年，母島中央部の評議平から一斉枯死が始まった．やはりこれも発電所の建設工事に伴い，本土から運ばれたマツ丸太に被害材が含まれていたのが原因と見られている（豊田，2014）．ただし，マツノマダラカミキリ自体はこれよりはるか以前の1935年，父島からすでに記録がある．ゆえに，マツノマダラカミキリ（小笠原在来ではない）を有した被害材の移入は繰り返し起こっていたものの，マツノザイセンチュウを伴う移入は上記のように70年代になってから生じたと考えられる（槙原，1997）．なお，小笠原にとってリュウキュウマツは在来種ではなく，薪炭材を得るため1899年に沖縄（琉球）から種子が移入されたのを契機として島内各地に広がった国内移入種である（豊田，2014）．

日本以外でも，中国（1982年），台湾（1985年），韓国（1988年），ポルトガル（1999年）でマツ材線虫病が発生しているほか（真宮，2002），スペインでも枯れたマツからマツノザイセンチュウが検出されている（Zamora *et al.*, 2015）．これらが原産地北米から直接侵入したか，日本などの既被害地を経由して運ばれたのかは必ずしも明らかではないが，たとえば1999年に最初の被害が発見されたポルトガルにおいては，見つかったマツノザイセンチュウは東アジア由来とされ，木材の輸入によって侵入した可能性が強い（Mota & Vieira, 2008）．

B. 気候変動

気候変動はさまざまな森林昆虫に影響をもたらしている（第7章参照）．マツ材線虫病においても，とくに気温との関係はかねてより気づかれており，同一地域でも高標高地ほど被害が発生しにくいことは気温の影響をよく示している．同じ緯度でも高標高地では枯損が発生しない（橋本，1976；金谷ほか，2013）ことも同様である．したがって温暖化傾向によって被害の激化や分布拡大が懸念されるのも当然といえよう．

マツ材線虫病による枯損発生を気温から予測するために提唱された数値としてMB指数（竹谷ほか，1975）がよく知られている．これは月間平均気温から15℃を引いた残差が正である月について，その残差を1年間にわたって累積した値である．竹谷ほか（1975）は各地の枯損発生とMB指数との対応の解析から，MB指数が40以上であることをマツ材線虫病による激害型が発生する目安とした．MB指数からの予測と実際の枯損の発生とは必ずしも一致しない場合もあるが（たとえば中村・野口，2006），年平均気温が本病による枯損の発生を予測する大きな力を持っていることは，確率論モデルを用いた予測

（Matsuhashi *et al.*, 2020）によって示されている．気温が枯損地域の拡大や枯損量の増加をもたらすメカニズムの一つが，病原体や媒介者の繁殖や生存への影響である．たとえば富士山では，標高が950 m を超えるとマツノマダラカミキリはおそらく温量不足のため繁殖できず，これは同標高以上で枯損がほとんど発生しないことと符合する（Ohsawa & Akiba, 2013）．

したがって人間活動由来の二酸化炭素が大きな原因とされる気候変動は，この病害に対して色々な影響を与えうる．たとえばマツノザイセンチュウで樹木が枯死する直接の原因は，水を吸い上げる力の低下による水不足なので，温暖化で予想される降水量の年変動量の増大（気象庁「日本の年降水量偏差の経年変化（1898～2016 年）」https://www.data.jma.go.jp/cpdinfo/temp/an_jpn_r.htm）もまた，水ストレスを介してマツ材線虫病の促進をもたらしうる．さらに，マツ材内におけるマツノザイセンチュウの増殖や活動にも温度条件は関与し，一般に低温よりは高温で発病しやすい．

このように気温はマツノマダラカミキリやマツノザイセンチュウの発育や行動に影響するため，温暖化によって被害が高緯度・高標高に移動することは予測できるし，警戒されてもいる．たとえば，澤口ほか（2009）は，岩手県を例に，気象条件（マツノマダラカミキリの発育有効温量，降水量）や地理的条件（標高，道路からの距離）と，現在のマツ材線虫病被害の発生の有無との関係から判別式を求め，それをもとに今後の温暖化シナリオによる被害面積の増加を予測している．

さらに，気候変動によって規模や頻度の増加が懸念される台風や暴風のような極端気象も，マツ材線虫病の激化に間接的な影響を与えるかもしれない．マツノザイセンチュウが健全なマツ樹体へ侵入する主要な門戸は，上記のようにカミキリの後食痕である．しかし，メス成虫がマツに産卵する際に生ずる傷（産卵痕）から線虫が侵入し，その材から羽化したマツノマダラカミキリに線虫が保持される場合があることも知られている（石黒・相川，2018）．産卵は衰弱木や枯損木に行われるので，ザイセンチュウ以外の要因で衰弱したマツに対して，産卵とともにザイセンチュウが侵入する可能性がある．したがって，マツ材線虫病以外の要因で多数の枯損，衰弱木が生じた場合は，それらが線虫を保持したカミキリの発生源となる可能性を否定できない．2011 年 3 月の東日本大震災では津波により多くのアカマツやクロマツが枯死した．津波被害を受けた宮城県のアカマツから，線虫を多数保持したマツノマダラカミキリが得られているが，これは津波で衰弱・枯死し好適な産卵対象となったマツにマツノマダラカミキリが産卵した際，産卵痕から線虫が侵入したことが原因と考えられる（相川ほか，2013）．

マツノザイセンチュウの侵入から現在までの約100年間に起きた国内の被害拡大の主要な原因は，被害材の運搬や媒介者の移動と考えられるが，今後，気候変動が様々な形で，マツ材線虫病の分布や被害強度に影響を与える可能性は十分にある．

C．アンダーユース

第3章で述べられているように，マツ林に限らず人里の森林は，かつては薪炭の原料を採取したり，肥料用の落葉を集めたりするための貴重な場所だった．こうした行為は，ある意味では林内で循環すべき資源を人間が収奪しているとも言えるが，他の観点から見ると，衰弱，枯死した樹木がこの過程ですぐに採取されることにより病害虫の蔓延を防ぐ作用があったとも考えられる．そもそも日本のマツ林の多くにおいて，大量の木材や防風防砂上の必要から，その成立と維持に人間が積極的に関与してきたことはよく知られていることである（たとえば駒木，2019；梅津，2019）．

マツ材線虫病で枯死したマツを薪炭材として除去することにより，マツノマダラカミキリが産卵する対象を減らせるだけではなく，秋以降の除去であれば，材内の幼虫や蛹を線虫と共に駆除することになる．マツノマダラカミキリは一般に思われているよりずっと細い枝でも産卵し幼虫が発育しうる．直径わずか2 cm程度の枝から幼虫が見つかることすらある（森林総合研究所，2006）．マツ材線虫病対策として，伐倒した枯損木を集積し，焼却や燻蒸を行う場合，このような細い落枝は見のがされてしまうおそれがある．かつての薪拾いではおそらくかなり細い枝でも丹念に採取されていたであろう．こうしたことが，マツ材線虫病の被害防止につながったかもしれない．

人間の介入の減少による林床の富栄養化も，マツ材線虫病との関連でよく取り沙汰される．そもそも栄養や水分に富む場所では，マツは広葉樹との競争に負けやすいのに対して，貧栄養で乾燥した場所では競争相手に打ち勝てる（埣田，2002a）ので，痩せた土地ではマツが優占しやすい．しかし主要な燃料が薪炭から化石燃料へ（エネルギー革命），また肥料が堆肥から化学肥料（緑の革命）へと変化するなかで，マツ林の多くは放置され，アンダーユースの状態に陥ることが多くなった．落葉かきをしたアカマツ林は，しない林よりもマツ材線虫病による枯損が少ない傾向がある（埣田，1996）．発達した下層植生の存在によりマツの光合成能が低下したり（Kume *et al.*, 2003），マツ材線虫病の罹患率が増加したりする（Nakamura *et al.*, 1995）のも落葉かきの効果と符合する．さらに，落葉かきの過程で上記のように枯損木や落枝の除去がなされることが，結果的に有効な機械的防除となっていた可能性もある．

貧栄養な土壌では外生菌根が発達し，それがマツ材線虫病に対する抵抗力を強めるという主張もしばしばなされる．実験的にそれが示された例は少ないが，たとえば，下層植生の有機層を除去した場所ではクロマツは乾燥ストレスを受けにくく，これは外生菌根菌によって土壌養分吸収機能が促進されるからかもしれない（高野，2013）．また外生菌根菌であるショウロを接種した実生クロマツは，非接種の個体に比べてマツ材線虫接種後の生存率が高い（明間，2010）．ただし実生アカマツ苗を使った実験では，菌根菌（ショウロやヌメリイグチ）を接種した個体としなかった個体との間には，マツノザイセンチュウを接種した際の生存率に差は見られなかったとする結果もある（菊地ほか，1991）．一方，山地斜面のマツがマツ材線虫病で枯れ，尾根沿いのマツのみが生き残っている風景はしばしば見られるが，この現象は，斜面の上部では菌根の発達がよいことと関連するのかもしれない（Akema & Futai, 2005）．

このように，人間による介入の多寡に起因する多くの要因がマツ材線虫病の頻度や強度に影響を与える可能性があり，要因どうしの相互作用もありうるかもしれない．ただし，マツ材線虫病は非常に強力な病気であり，媒介者や病原体のみでマツを枯らすことができることは改めて強調しておかなければならない．

D．大気汚染

第二次大戦直後からしばらく小康状態にあった松枯れによる枯損量が再び増加しつつあった1960年代後半から70年代にかけての時期（図8.3左）は，製造業の復興等により国内の大気汚染が最悪レベルになっていた時期でもあった（堤田，2002b）．たとえば代表的な大気汚染物資の一つ，二酸化硫黄（SO_2）の全国平均濃度は2010年の値が0.005 ppmであるのに対して，1970年にはその6倍，0.03 pmを上回っていた（環境省「主な大気汚染物質の濃度測定結果」https://www.env.go.jp/air/osen/jokyo_h25/Full.pdf）．

こうした背景ゆえに，松枯れと大気汚染との関係が当時盛んに議論された（岸，1988；堤田，2002b）．比較的近年でも「松枯れ」の主因は大気汚染であるとする主張がなされることがある（たとえば松本，1998）．マツ材線虫病の主因があくまでマツノザイセンチュウであることは上記のように確立されている．しかし大気汚染物質がマツを衰弱させ，それによってマツノマダラカミキリの産卵やマツノザイセンチュウの侵入や増殖が促進されるとすれば，複合要因の一つとしての意味は大きいと言わなければならない．

けれども，大気汚染が実際にマツ材線虫病を促進していることが適切な方法で示されたことはほとんどない．アカマツが二酸化硫黄に弱いことは知られているが（堤田，2002b），線虫を接種した苗を，二酸化硫黄ガスで処理した区と無処理区との間で比較した実験では，病徴発現までの時間が処理区でやや早かったものの，最終的な発病率には差がなかったという例（田中，1975）や，pH3の人工酸性雨で処理したクロマツ苗は，むしろマツノザイセンチュウに対する侵入抵抗性を増加させるという報告もある（Asai & Futai, 2001）．大気汚染によるマツ枯損や衰弱がマツノマダラカミキリの個体群密度を高めることでマツ材線虫病を促進したという明確な例も知られていない．現在までの証拠をみるかぎり副因としての大気汚染の寄与は小さいと考えられる．

8.2　ブナ科樹木萎凋病（ナラ枯れ）

8.2.1　主因

本病の主な被害樹種はミズナラ，コナラ，アベマキ，クヌギといった落葉性ナラ類だが，西南日本ではウバメガシ，アカガシ，アラカシ，マテバシイ，スダジイといった常緑のシイ・カシ類も被害を受ける（伊藤，2002）．病原体は真菌類の *Raffaelea quercivora*（以下では広く使われている呼称に従い「ナラ菌」と呼ぶ），媒介者はコウチュウ目，ナガキクイムシ科の昆虫，カシノナガキクイムシである．本種は国内では北海道を除くほぼ全土，国外では東南アジアの一部にも分布している（野淵，1993）．

カシノナガキクイムシの成虫は初夏から夏にかけて，ナラ菌や，後述する食用の菌を携えて被害木から脱出し，新たな寄主樹木の内部に穿入する．まずオスが樹木に飛来し，自分が入る浅い穴を掘ってから集合フェロモンを放出する．フェロモンと新鮮な材から出る匂い（カイロモン）とに誘引された他のオスがさらにフェロモンを放出するため，最終的に多数の雌雄が誘引され，集中加害（マスアタック）が生じる．オスは飛来したメスと交尾し，その後ペアによる育児が行われる．育児は孔道内でなされるが，このときナラ菌が孔道沿いに広がっていく．この昆虫は他のナガキクイムシ類と同様，餌として特殊な菌を坑道内に培養し，成虫も幼虫も基本的にはその菌のみを餌としている．こうした特徴は「養菌性」と呼ばれ，ちょうどハキリアリが特殊なきのこを栽培するのに似て，農業にも例えられよう．ただしカシノナガキクイムシの餌菌は主に酵母類であり，ナラ菌とは別物である（衣浦ほか，2009）．

なお，「カシノナガキクイムシ」と呼ばれているものの中には，形態的にも遺伝的にも異なる二つのタイプが存在し（Hamaguchi & Goto, 2010），各タイプの主要な分布域に基づいてそれぞれ「日本海型」「太平洋型」と呼ばれている（衣浦・後藤，2013）．日本海型で誘引効果をもつ集合フェロモンが太平洋型には効果がない（所ほか，2013）ことなどから，両者は生殖的にも隔離された別種と考えられる．従来はナラ枯れ被害が日本海側で多く発生してきたことから，主に研究されてきたのは「日本海型」であり，以下の記述もとくに断らない限り日本海型に関するものである．

ナラ菌の侵入を受けた樹木は，辺材部の細胞が破壊され通導機能が失われることによって葉は赤く変色し枯死に至る（黒田，2012）．水不足による枯死という点ではマツ材線虫病とよく似ている．枯死までの時間が短く，赤く枯れた葉がよく目立つことなどから，しばしば「第二の松くい」と呼ばれることもある．ナラ菌の菌糸の蔓延は，人工接種の場合は接種点に，カシノナガキクイムシの穿孔による場合は坑道近辺に限られるため，通導阻害も局所的である（Takahashi *et al.*, 2010）．したがって樹体全体が枯死するためには多数の場所から菌が侵入する必要がある．マスアタックにより枯死するのはこのことと関係している．逆に言えば，カシノナガキクイムシが低密度である限り，大規模な枯損は起こりにくい．

カシノナガキクイムシは必ずしも生立木がなければ繁殖できないわけではない．事実，餌木として野外に設置した丸太（小林ほか，2004）や風倒木（後藤・喜友名，2013）にも穿入し子孫を生産することができる．この昆虫は，過去にはおもにこうした資源を利用して低密度で存続していた可能性がある．また，現在まで集団枯損の発生記録がない地域，たとえば沖縄県でもカシノナガキクムシ，ナラ菌の双方の生息が確認されており（升屋ほか，2008），その寄主は風倒木や枯損木であろうと考えられる．

8.2.2　提唱されている主な副因

過去にナラ枯れ（と思われる病害）の記録が存在しないわけではないとはいえ（後述），近年になって被害がとくに目立つようになったのはなぜだろう．その背景としていくつかの仮説が提唱されている．ナラ枯れは松枯れと比べると，注目されて以降の時間に半世紀以上の開きがあり研究蓄積も少ないため，それぞれの補強材料もまだ多いとは言えない．

A.　侵入

ある病害が急激に増えるとき，関与する生物が外来生物である可能性が念頭に浮かぶ．松枯れが外来生物マツノザイセンチュウの侵入に始まることを考えれば，針葉樹と広葉樹という違いはあるにせよ，よく似た集団枯損を示すナラ枯れの様相が外来種の疑いを生じさせるのも無理からぬことかもしれない．

しかしカシノナガキクイムシやナラ菌が，激害が報告され出した1980年代から近い過去に日本に侵入した外来種であることを示す有力な証拠は現在のところ提出されていない．少なくともカシノナガキクイムシに関しては，いまからほぼ100年前の1921年，宮崎と越後（新潟）で採集された個体に基づいて記載されたこと（野淵，1993；衣浦，2002）が示すように，当時からすでにこれらの地域に生息していたことがわかっている．また同じ「日本海型」でも西日本と東日本で遺伝構造が異なり，その地理的分布が，寄主であるコナラの遺伝構造の違いと並行していることも，この昆虫がかなり古くから日本に生息していたことを示唆している（Shoda-Kagaya *et al.*, 2010）.

また，日本の樹種に対して強い病原性を持つタイプの菌が海外から持ち込まれたとする考えもある（吉田，1994）．そうした強力な菌を保持したカシノナガキクイムシが，材と共に日本に侵入したとする説である．海外のナラ菌には，国内樹種に対して国内の菌より強い病原性を持つタイプもある（Kusumono *et al.*, 2012; 2015）．一方，国内のナラ菌には地域による遺伝的分化が少ないという報告もある（升屋ほか，2008）．未知の場所から病原性の強いナラ菌が侵入し，それが国内に短期間に広がった可能性は排除できないが，現在ナラ枯れをもたらしているナラ菌が海外起源であることを積極的に示す証拠は現状ではない．こうしたことから，カシノナガキクイムシもナラ菌も現状では日本在来種と考えるのが妥当であろう．

B. アンダーユース

松枯れ同様，ナラ枯れの増加においても森林のアンダーユースが背景にあるとする考えがある（小林・上田，2005：黒田ほか，2008）．第3章で述べられている通り，里山の広葉樹林において薪炭林の利用が衰退することで樹木は高齢化し，大径化するものが増えつつある．図8.6は14齢級以下（「齢級」は

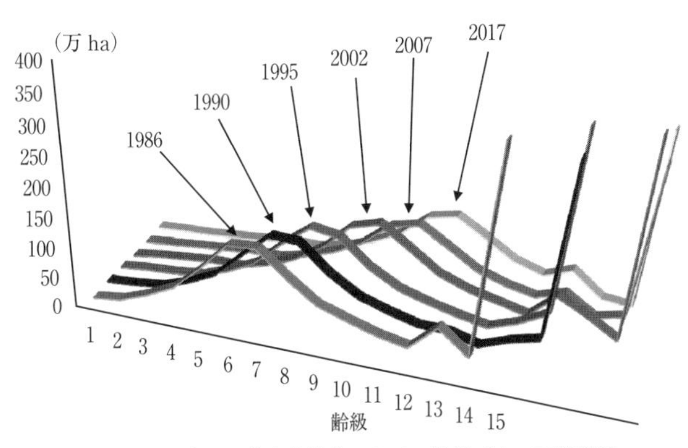

図 8.6　日本の天然広葉樹林における齢級ごとの面積推移

出典は1986～2002年について林野庁（2005）．2007年，2012年についてそれぞれ「森林資源現況樹種別齢級別面積（平成19年3月31日現在）」（http://www.rinya.maff.go.jp/j/keikaku/genkyou/h19/4.html），「同（平成24年3月31日現在）」（http://www.rinya.maff.go.jp/j/keikaku/genkyou/h24/4.html）．いずれのグラフも右端の値は，それ以上の齢級の合計を表しているので著しく大きくなっている．

林齢を5年間隔で表したもので，14齢級は66〜70年生に相当）の齢級分布を示している．1986年にはピークが7齢級にあったが，確かに，2012年にはそれが12齢級にシフトしている．伐採して利用しなければ，風倒や山火事など大規模な撹乱がない限り，当然分布の中心は高齢級に移動してゆく．これは拡大造林によって大量に植林された針葉樹人工林が十分に利用されないまま大径化・高齢化しつつある状況とよく似ている．

一方，カシノナガキクイムシの穿入量は太い木ほど，また根元に近い太い部分ほど多く（Hijii *et al.*, 1991），しかも直径が大きいほど枯れやすい傾向がある（衣浦，1994）．実際，ナラ菌に対する感受性が最も高い（つまりもっとも枯れやすい）樹種であるミズナラも，立木密度が高い場所の，かつ太い径の個体から枯損してゆく（Yamasaki & Sakimoto, 2009；Nakajima & Ishida, 2014）．スダジイやマテバシイなどシイ・カシ類でも太いほうが枯損しやすい（関根ほか，2011）．同様の現象は，ナラ菌に近縁の *Raffaelea quercus-mongolicae*（媒介者はカシノナガキクイムシと同属の *P. koryoensis*）によるモンゴリナラの枯損が2007年より発生している韓国でも観察されており，やはり径の大きな樹木から枯れてゆく傾向がある（Lee *et al.*, 2011）．太い木から枯れる原因の一つは，オスが太い木に好んで飛来し穿孔するためとされる（Yamasaki & Futai, 2008）．事実，面積あたりの穿孔数は胸高直径（DBH）と正の相関を示す（小林・上田，2005）．このことには，小径木よりも大径木で繁殖成功度が高いことが関係していると思われる（衣浦ほか，2006）．

C．気候変動

気候変動，とくに気温上昇とナラ枯れとの関係もかねてより議論されている．たとえばKamata *et al.*（2002）は，カシノナガキクイムシが気温上昇によって分布を北に広げ，それに対する抵抗性を持たないミズナラと接触したことが近年における被害拡大の背景にあるとする．世界的に見ると日本はカシノナガキクイムシの分布の北限にあたるが，ミズナラと他のブナ科の樹種（コナラ，アカガシ，スダジイ）が混在する林分では，本種による加害頻度はミズナラで最も小さいにもかかわらず，孔道当たりの羽化成虫数（繁殖成功度）はこの樹種で最も大きい（Kamata *et al.*, 2002）．ミズナラへの穿孔が少ないのは，過去において，南方系のカシノナガキクイムシが北方のミズナラを好む性質を進化させてこなかったからであり，ミズナラが最も枯れやすくかつカシノナガキクイムシが繁殖しやすいのは，ミズナラがカシノナガキクイムシに対する防御機構を発達させなかったからである（Kamata *et al.*, 2002）．さらに，国内のナラ枯れ未発生地域ではカシノナガキクイムシがいまだ採集されていないこと（鎌田ほか，2013）なども根拠の一つとして挙げられている．

だが，ナラ枯れが広く注目され始めたのは既述のように1980年以降であるものの，この病害に起因すると思われる集団枯損は宮崎，鹿児島，高知，兵庫といった西日本ばかりでなく，山形，福井，新潟といった東日本でもすでに1930～70年代に記録がある（伊藤，2002）．さらに，現在の長野県北部に位置する飯山市にある五束神社には，1750年に多くのナラ（ミズナラと思われる）の葉が夏に変色し秋までに枯死した記録が残されている（井田・高橋，2010）し，より北の山形県でも，1900年代初めにカシノナガキクイムシ大発生の記録がある（斎藤，1959）．むろん当時の菌も媒介昆虫も残っていない以上，これらの枯損がナラ枯れと同じものと断定できないが，短期間に多くのナラが上記の症状を呈して枯死する原因は他に考えにくく，ナラ枯れである可能性が濃厚である．したがって，比較的大きな被害は，温暖化が顕在化する以前から繰り返されてきた可能性がある．

また，ナラ枯れによる集団枯損が発生していない場所でも，関連生物が低密度で存在している可能性は否定できない．事実，被害が未発生（2019年現在）の茨城県（衣浦，2002）や沖縄島（後藤・喜友名，2013）でもカシノナガキクイムシの捕獲記録があり，2000年代後半になってスダジイの集団枯損が発生した奄美大島や三宅島でもそれ以前から採集記録がある（Nobuchi，1973；槙原・岡部，2005）．

しかし仮に気温上昇が地理的分布そのものに大きな変化を与えていないとしても，カシノナガキクイムシの行動や樹木の生理反応に影響をもたらす可能性は否定できない．小林ほか（2014）は，京都府のナラ枯れ被害は暖冬の年ほど増加率が高く，これは過去に経験したことのない暖冬により樹木の抵抗性が低下した可能性があると指摘した．またカシノナガキクイムシの飛翔活動や活動期間に対して温暖化が有利に作用するかもしれない（小林，2020）．

現状ではナラ枯れが急激に増加した副因を断定するだけの証拠は十分ではな

い．しかしアンダーユース説にせよ，温暖化説にせよ（両者は相互排他的ではなく複合的に働いている可能性もある），いずれも，スケールは異なるものの人間の生活形態の変化，とくにエネルギー使用様式の変化が共通した背景として存在する．国内における里山放置の主要な原因の一つは，燃料源としての木質エネルギーから化石資源への変化であり，世界における化石資源の大量使用が地球温暖化の大きな原因でもある．木質エネルギーから化石燃料へのシフトは，こうして，一方では里山の高齢化・大径化に，他方では気候変動に加担することによって，ナラ枯れ増加の引き金として働いたのかもしれない。

8.3　大規模な森林被害の波及効果

最後に，松枯れやナラ枯れによる大規模な森林被害が他の生物，主に動物に与えるいくつかの重要な影響について考えてみる．集団枯損による有用樹木の損失や，審美的価値の劣化は私たち人間にとって感知しやすい現象であり，それが最大の関心事となるのは当然である．しかし，樹木に対するこうした直接的な影響は，複雑で，しばしば思いがけない間接的影響や波及効果をもたらすことがある．マツ材線虫病やブナ科樹木萎凋病の蔓延には，上記のように人間の活動が関わっている可能性が大いにある．とすれば，これらの生物被害が森林生態系に及ぼす波及効果も，人間が森林に及ぼす影響の中に含めて考えることができよう．

8.3.1　在来種への影響

外来種によって在来の生物が駆逐されたり衰退の憂き目を見たりする例は枚挙にいとまがない．大型の昆虫や脊椎動物などの場合，こうした影響は目につきやすいが，肉眼では見えにくい生物も，むろんそれと無縁ではありえない．その一例がニセマツノザイセンチュウ（*Bursaphelenchus mucronatus*）である．

ニセマツノザイセンチュウはマツノザイセンチュウと近縁で，ヨーロッパからアジアに広く分布し日本の在来種でもある．やはりマツを寄主とし，生活史はマツノザイセンチュウとよく似ているが，条件次第でマツを枯らすことはできるとはいえ病原性ははるかに弱い（神崎，2012）．主要な媒介者はマツノマダラカミキリと同属のカラフトヒゲナガカミキリ（*M. saltuarius*）である（Jikumaru & Togashi, 2001）．

このニセマツノザイセンチュウは，マツノザイセンチュウとの共存下では後者よりはるかに低い増殖率しか持ちえない（Cheng *et al.*, 2009）．初期条件でニセマツノザイセンチュウの密度が相対的にマツノザイセンチュウより大きければ，繁殖干渉により前者が後者を排除できる場合もあるが（廖・富樫，2011），中国での報告によると，マツノザイセンチュウが侵入した年代が比較的新しい場所では，被害木から両種が採集されるものの，侵入年が遡るにつれてニセマツノザイセンチュウが見つかる頻度は減少する（Cheng *et al.*, 2009）．同様に日本でも，かつては東北から九州まで広く分布していたニセマツノザイセンチュウが，マツノザイセンチュウが分布を広げた場所では再発見が困難になった（真宮，2006）．こうした事実は，マツノザイセンチュウがニセマツノザイセンチュウという在来種に負の影響を与えていることを強く示唆している．

8.3.2 エコロジカルトラップ

衰弱木や枯損木では，樹脂や硬い材といった防御機構が劣化もしくは欠如しているため，生立木とは異なる生物によって利用されやすくなる．とくに立ち枯れ木は，キツツキ類など多くの樹洞営巣性鳥類に重要な営巣場所を提供するため，生物多様性保全上も，またそうした鳥類が果たす害虫捕食などの生態系サービスを保持するためにも，立ち枯れ木の管理は重要な問題として認識されている（松浦・高田，1999）．

マツ材線虫病やブナ科樹木萎凋病は，異常な量の立ち枯れ木を短期間にもたらす．樹洞営巣性の生物にとってはそれによって潜在的な生息場所が増える可能性がある一方，負の影響がありうることも考慮せねばならない．たとえばマツ材線虫病で生じたリュウキュウマツの立ち枯れ木は，沖縄島や奄美大島において，希少なキツツキ類であるノグチゲラやオーストンオオアカゲラの営巣に用いられることがある（小高，2009：図8.7）．これだけを見るならば希少種保全にとってリュウキュウマツの立ち枯れ木の増加は好ましいことのようにも思われる．だが，沖縄島でこうした樹洞に営巣したノグチゲラは，営巣中の倒木やカラスによる巣の破壊，雨水の浸入などによって，本来の営巣場所であるスダジイなどの立枯れ木に営巣した個体よりも繁殖成功度が有意に小さい（小高，2013）．つまりマツはスダジイに比べて不適な営巣場所と考えられる．

ある生物が何らかの理由で，繁殖成功度の点から見て好適な生息場所よりも，不適な生息場所のほうを選好してしまう現象はエコロジカルトラップと呼ばれる（Gilroy & Sutherland, 2007）．本来，生物は自然選択によって不適な環境を避けるように進化してきたはずだが，人為の直接的・間接的影響によって環境が急激に改変された場合，繁殖に好適な環境を選ぶための至近的メカニズムの進化が追いつかず，上述のような現象が起きることがある．ノグチゲラがマツの立ち枯れ木を選好しているのか，単にスダジイのような本来の営巣場所が不足しているためやむを得ずマツを選んでいるのかは慎重に判断しなければならないが，前者だとすれば，彼らはマツ材線虫病がもたらした罠の犠牲者と言える．

8.3.3　森林生物群集への影響

生物被害によって樹冠を構成する樹木が短期間に，かつ大量に枯損した場合，林内の環境は大きな変化を被り，そこに生息する生物も色々な変化を受けることが予想される．ナラ枯れ激害地では開空度が未被害地に比べて激増する（斉藤ほか，2016）．たとえばこうした光環境の変化が一因となり，激害後の森林では草原性のチョウが増加し，さらにはチョウ全体の個体数も種数も未被害の森林に比べて大きく増加する（針谷・梶村，2012）．また，大量のナラ類枯死

図 8.7　リュウキュウマツ枯死木に営巣中のノグチゲラ
森林総合研究所　小高信彦氏原図.

木の増加は，短期的にはカミキリムシ類（江崎，2012）やキクイムシ類（鎌田ほか，2012）といった食材性昆虫の種組成にも影響を与える．

ナラ枯れによって枯損した森林植生は，明るくなって発達した低木によりナラ類の更新が阻害されるなどの原因で，放置すると元通りの森林に戻らない恐れがある（伊東ほか，2009；林田ほか，2013；斉藤ほか，2016）．また最近ではシカによる食害がさらに問題を複雑化している．ナラ枯れによって上層木を失った場所では，明るい環境を好む樹種が定着しやすいのに加え，シカが好まない樹種のみが繁茂するためにきわめて単純な樹種構成となる恐れがある（Itô, 2016）．加えて，こうした植生の変化がさらに，昆虫の群集構造や生活史特性の変化を連鎖的に引き起こす例も知られるようになってきた（佐藤，2012）．

こうした例が示すように，大規模な森林生物害は単に特定の種の樹木を減少させるに留まらず，直接・間接的に在来生物相に影響を与えるのである．

おわりに

複合影響の考察対象として，ここで扱ったマツ材線虫病とブナ科樹木萎凋病は日本の森林生物被害としては最も多方面から研究されてきたものに属するといえるが，被害の量や程度，さらにその時空間的な変化にかかわる要因や，要因間の相互作用については未知の点があまりに多い．今後の被害の推移を踏まえた対策を考える上でも，またこうした大規模な被害が生物多様性や生態系サービスに与える影響を考える上でも，種々の要因間の相互作用について研究の余地は多いといわなければならない．

引用文献

相川拓也・中村克典 ほか（2013）同一マツ枯死木から脱出したマツノマダラカミキリ成虫が保持するマツノザイセンチュウ数の変異．森林防疫，**62**，130–134．

明間民央（2010）菌根菌ショウロの接種がクロマツ実生のマツ材線虫病進展に及ぼす影響．日本森林学会大会発表データベース，**121**，157–157．

Akema, T. & Futai, T. (2005) Ectomycorrhizal development in a *Pinus thunbergii* stand in relation to the location on a slope and their effects on tree mortality from Pine Wilt Disease. *J. For. Res.*, **10**,

93–99.

Asai, E. & Futai, K. (2001) Retardation of pine wilt disease symptom development in Japanese black pine seedlings exposed to simulated acid rain and inoculated with *Bursaphelenchus xylophilus. J. For. Res.*, **6**, 297–302.

Cheng, X.-Y., Xie, P.-Z. *et al.* (2009) Competitive displacement of the native species *Bursaphelenchus mucronatus* by an alien species *Bursaphelenchus xylophilus* (Nematoda: Aphelenchida: Aphelenchoididae): a case of successful invasion. *Biol. Invasions*, **11**, 205–213.

Dwinell, L. D. & Nickle, W. R. (1989) An Overview of the Pine Wood Nematode Ban in North America. General Technical Report SE-55, North American Forestry Commission Publication No. 2, pp. 13, Southeastern Forest Experiment Station, Forest Service, United States Department of Agriculture.

遠田暢男（1978）小笠原諸島におけるマツ枯損の実態調査．森林防疫，**27**，79–81.

遠田暢男・野淵 輝（1970）マツ類の穿孔虫に関する研究．日本林学会講演論文集，**81**，274–276.

江崎功二郎（2012）ナラ枯れが森林のカミキリムシに及ぼす影響．昆虫と自然，**47**，13–15.

Gilroy, J. & Sutherland, W. J. (2007) Beyond ecological traps: perceptual errors and undervalued resources. *Trends Ecol. Evol.*, **22**, 351–356.

後藤秀章・喜友名朝次（2013）沖縄本島におけるカシノナガキクイムシの脱出消長．九州森林研究，**66**，10–12.

Hamaguchi, K. & Goto, H. (2010) Genetic variation among Japanese populations of *Platypus quercivorus* (Coleoptera: Platypodidae), an insect vector of Japanese oak wilt disease, based on partial sequence of nuclear 28S rDNA. *App. Entomol. Zool.*, **45**, 319–328.

針谷綾音・梶村 恒（2012）ナラ枯れ被害がチョウ類相に与える影響：海上の森における調査事例．昆虫と自然，**47**，5–8.

橋本平一（1976）マツノザイセンチュウの寄生性発現に関与する環境条件．森林防疫，**25**，175–177.

林田光祐・大谷ゆき ほか（2013）ミズナラ二次林におけるナラ枯れ前後の 16 年間の林分構造の推移．山形大学紀要（農学），**16**，297–304.

Hijii, N., Kajimura, H. *et al.* (1991) The mass mortality of oak trees induced by *Platypus quercivorus* (MURAYAMA) and *Platypus calamus* BLANDFORD (Coleoptera: Platypodidae). *J. Jpn. For. Soc.*, **73**, 471–476.

市原 優（2019）マツノザイセンチュウに侵入されたマツに起こること．森林保護と林業のビジネス化：マツ枯れが地域をつなぐ（中村克典・大塚生美 編著），pp. 75–84，日本林業調査会.

井田秀行・高橋 勤（2010）ナラ枯れは江戸時代にも発生していた．日林誌，**92**，115–119.

池田俊弥・山根明臣 ほか（1986）マツ伐倒木揮発成分のマツノマダラカミキリに対する誘引性．日林誌，**68**，15–19.

石黒秀明・相川拓也（2018）マツノマダラカミキリの産卵痕からクロマツ枯死木へ侵入したマツノザイセンチュウの樹体内での分散とカミキリ成虫への乗り移り．日林誌，**100**，201–207.

Itô, H. (2016) Changes in understory species occurrence of a secondary broadleaved forest after mass mortality of oak trees under deer foraging pressure. *PeerJ*, 4, e2816, DOI: 10.7717/peerj.2816.

伊東宏樹・五十嵐哲也 ほか（2009）京都市京北地域におけるナラ類集団枯損による林分構造の変化.

日林誌，**91**，15–20.
伊藤進一郎（2002）ナラ・カシ類の枯死被害に関連する菌類とその病原性．森をまもる（全国森林病虫獣害防除協会 編），pp. 87–95，全国森林病虫獣害防除協会．
Jikumaru, S. & Togashi, K. (2001) Transmission of *Bulsaphelenchus mucronatus* (Nematoda: Aphelenchoididae) through feeding wounds by *Monochamus saltuarius* (Coleoptera: Cerambycidae). *Nematology,* **3**, 325–333.
Kamata, N., Esaki, K. *et al.* (2002) Potential impact of global warming on deciduous oak dieback caused by ambrosia fungus *Raffaelea* sp. carried by ambrosia beetle *Platypus quercivorus* (Coleoptera: Platypodidae) in Japan. *Bull. Entomol. Res.,* **92**, 119–126.
鎌田直人・サングァンスップ スニサ ほか（2012）ナラ枯れ被害がアンブロシアキクイムシ類群集にあたえる影響．昆虫と自然，**47**，16–19.
鎌田直人・後藤秀章 ほか（2013）ナラ枯れ流行の原因を探る旅：海外のカシナガとナラ菌．北方林業，**65**，56–60.
金谷整一・東 正志 ほか（2013）新燃岳噴火 1 年後の霧島山系におけるアカマツの枯死状況．日林誌，**95**，253–258.
神崎菜摘（2012）ニセマツノザイセンチュウ，および弱病原力マツノザイセンチュウの衰弱した宿主に対する病原力．森林防疫，**61**，218–225.
菊地淳一・都野展子 ほか（1991）マツ材線虫病に対するアカマツの抵抗性因子としての菌根の効果．日林誌，**73**，216–218.
衣浦晴生（1994）ナラ類の集団枯損とカシノナガキクイムシの生態．林業と薬剤，**130**，11–20.
衣浦晴生（2002）カシノナガキクイムシの分布，発生生態，および防除対策．森を守る（全国森林病虫害防除協会 編）．pp. 75–95，全国森林病虫獣害防除協会．
衣浦晴生・後藤秀章（2013）ナラだけではないナラ枯れ．JATAFF ジャーナル，**1**，14–18.
衣浦晴生・小林正秀 ほか（2006）カシノナガキクイムシの繁殖成功度．穿入生存木と穿入枯死木．第117 回 日本森林学会大会 セッション ID: B07.
衣浦晴生・高畑義啓 ほか（2009）カシノナガキクイムシから分離された菌類．第 120 回日本森林学会大会 H06.
岸 洋一（1988）マツ材線虫病――松くい虫――精説．pp. 292，トーマス・カンパニー．
清原友也（1997）マツノザイセンチュウの病原性と生活史．松くい虫（マツ材線虫病）：沿革と最近の研究（全国森林病虫獣害防除協会 編），pp. 26–43，全国森林病虫獣害防除協会．
清原友也・徳重陽山（1971）マツ生立木に対する線虫 *Bursaphelenchus* sp. の接種試験．日林誌，**53**，210–218.
小林正秀（2020）カシノナガキクイムシの飛翔に及ぼす気象の影響．森林応用研究，**29**，23–31.
小林正秀・野崎 愛 ほか（2004）寄主の含水率がカシノナガキクイムシの穿入行動と孔道内菌類に与える影響．応動昆，**48**，141–149.
小林正秀・上田明良（2005）カシノナガキクイムシとその共生菌が関与するブナ科樹木の萎凋枯死：被害発生要因の解明を目指して．日林誌，**87**，435–450.
小林正秀・吉井 優 ほか（2014）気象がナラ枯れ（ブナ科樹木萎凋病）に及ぼす影響に関する初歩的研究．樹木医学研究，**18**，95–104.

駒木貴彰（2019）アカマツの利用と施業方法の変遷．森林保護と林業のビジネス化：マツ枯れが地域をつなぐ（中村克典・大塚生美 編著），pp. 21–31，日本林業調査会．
小高信彦（2009）マツ材線虫病被害地域のリュウキュウマツ枯死木に営巣したノグチゲラの繁殖失敗事例．九州森林研究，**62**，98–99．
小高信彦（2013）木材腐朽プロセスと樹洞を巡る生物間相互作用：樹洞営巣網の構築に向けて．日本生態学会誌，**63**，349–360．
Kume, A., Satomura, T. *et al.* (2003) Effects of understory vegetation on the ecophysiological characteristics of an overstory pine, *Pinus densiflora*. *For. Ecol. Manag.*, **176**, 195–203.
国吉清保（1974）マツノザイセンチュウによる被害沖縄に発生．森林防疫，**23**，40–42．
黒田慶子（2012）ナラ枯れのメカニズム．グリーン・エージ，**39**，4–7．
黒田慶子 ほか（2008）ナラ枯れと里山の健康．pp. 166，全国林業改良普及協会．
Kusumoto, D., Masuya, H. *et al.* (2012) Virulence of *Raffaelea quercivora* isolates inoculated into *Quercus serrata* logs and *Q. crispula* saplings. *J. For. Res.*, **17**, 393–396.
Kusumoto, D., Masuya, H. *et al.* (2015) Comparison of sapwood discoloration in Fagaceae trees after inoculation with isolates of *Raffaelea quercivora*, cause of mass mortality of Japanese oak trees. *Plant Dis.*, **99**, 225–230.
Lee, J. S., Haack, R. A. *et al.* (2011) Attack Pattern of *Platypus koryoensis* (Coleoptera: Curculionidae: Platypodinae) in relation to crown dieback of Mongolian oak in Korea. *Environ. Entomol.*, **40**, 1363–1369.
槙原 寛（1997）媒介昆虫の種類と生活史．松くい虫（マツ材線虫病）：沿革と最近の研究．（全国森林病虫獣害防除協会 編），pp. 44–64，全国森林病虫獣害防除協会．
槙原 寛・岡部宏秋（2005）カシノナガキクイムシ，奄美大島，三宅島における最近の記録．森林防疫，**54**，23–27．
真宮靖治（2002）世界におけるマツノザイセンチュウおよびその近似種の分布とマツ類の被害．森をまもる（全国森林病虫獣害防除協会 編），pp. 25–36，全国森林病虫獣害防除協会．
真宮靖治（2006）ニセマツノザイセンチュウの国内における地理的分布．森林防疫，**55**，3–10．
升屋勇人・市原 勇 ほか（2008）*Raffaelea quercivora* の系統地理．第 119 回日本森林学会大会セッション ID: P2d02. doi.org/10.11519/jfsc.119.0.686.0
松本文雄（1998）松枯れ白書 松枯れの主因は大気汚染．pp. 254，メタ・ブレーン．
松岡 茂・高田由紀子（1999）キツツキ類にとっての立枯れ木と森林管理における立枯れ木の扱い．日本鳥類学会誌，**47**，33–48．
Matsuhashi, S., Hirata, A. *et al.* (2020) Developing a point process model for ecological risk assessment of pine wilt disease at multiple scales. *For. Ecol. Manag.*, **463**, 118010.
Mota, M. M. & Vieira, P. C. (2008) Pine Wilt Disease in Portugal. In: *Pine Wilt Disease* (eds. Zhao, B. G. *et al.*), pp. 33–40, Springer.
Nakajima, H. & Ishida, M. (2014) Decline of *Quercus crispula* in abandoned coppice forests caused by secondary succession and Japanese oak wilt disease: Stand dynamics over twenty years. *For Ecol. Manag.*, **334**, 18–27.
中村克典・野口絵美（2006）温量指数によるマツ材線虫病自然抑制域・自然抑制限界域の推定：MB

指数のリニューアルを通して．日本森林学会大会発表データベース，**117**，530.

Nakamura, K., Togashi, K. *et al.* (1995) Different incidences of pine wilt disease in *Pinus densiflora* seedlings growing with different tree species. *For. Sci.*, **41**, 841–850.

Nobuchi, A. (1973) The Platypodidae of Japan. Bulletin of Govermental Forest Experimental Station, 1–22.

野淵 輝（1976）マツノマダラカミキリの受精と産卵．日本林学会講演論文集，**87**，247–248.

野淵 輝（1993）カシノナガキクイムシの被害とナガキクイムシ科の概要（Ⅰ）．森林防疫，**42**，85–89.

Ohsawa, M. & Akiba, M. (2013) Possible altitude and temperature limits on pine wilt disease: the reproduction of vector sawyer beetles (*Monochamus alternatus*), survival of causal nematode (*Bursaphelenchus xylophilus*), and occurrence of damage caused by the disease. *European J. For. Res.*, **133**, 225–233.

林野庁（2005）森林・林業統計要覧 時系列版 2005，pp. 148，林野弘済会.

Robinet, C., Roques, A. *et al.* (2009) Role of human-mediated dispersal in the spread of the pinewood nematode in China. *PLoS ONE*, 4 (2), e4646.

廖 思米・富樫一巳（2011）マツノザイセンチュウとニセマツザイセンチュウの繁殖干渉型種間競争．第 122 回 日本森林学会大会 セッション ID: D22.

斎藤孝蔵（1959）カシノナガキクイムシの大発生について．森林防疫ニュース，8，101–102.

斉藤正一・八木橋勉 ほか（2016）ナラ枯れ被害終息後の林分における更新の可能性と生物群集への波及効果．東北森林科学会誌，**21**，60–65.

佐藤宏明（2012）奈良公園におけるシカ–植物–昆虫の相互作用．昆虫と自然，**48**，4–7.

澤口勇雄・佐々木俊一 ほか（2009）岩手県における松枯れ被害分布の特徴解析による被害判定マップの作成．岩手大学演習林報告，**40**，19–31.

関根達郎・高橋博幸 ほか（2011）都市林に発生したブナ科樹木の萎凋病，日林誌，**93**，239–243.

清水善和（1984）父島におけるリュウキュウマツの一斉枯死とその後の林相の変化．小笠原研究，**8**，29–43.

森林総合研究所（2006）「松くい虫」の防除戦略．マツ材線虫病の機構と防除．第 1 期中期計画成果 11．森林総合研究所.

Shoda-Kagaya, E., Saito, S. *et al.* (2010) Genetic structure of the oak wilt vector beetle *Platypus quercivorus*: inferences toward the process of damaged area expansion. *BMC Ecol.*, **10**, 21. https://doi.org/10.1186/1472-6785-10-21

田實秀信・吉元英樹 ほか（2000）奄美におけるマツ材線虫病（松くい虫）の防除に関する研究．鹿児島県林業試験場研究報告，**5**，32–38.

Takahashi, Y., Matsushita, N. *et al.* (2010) Spatial distribution of *Raffaelea quercivora* in xylem of naturally infested and inoculated oak trees. *Phytopathology*, **100**, 747–755.

高野成美（2013）間伐と有機物層除去処理の海岸林クロマツへの影響．日林講，**124**，341.

竹谷昭彦・奥田素男 ほか（1975）マツの激害型枯損木の発生環境：温量からの解析．日林誌，**57**，169–175.

田中 潔（1975）マツの材線虫病の発生に及ぼす SO_2 の影響．日林講，**86**，287–289.

垰田 宏（1996）マツ林の施業と樹種転換のめやす．森林防疫，**45**，144–149.

垰田 宏（2002a）マツ林の環境改善と樹種転換．松くい虫（マツ材線虫病）：沿革と最近の研究（全国森林病虫獣害防除協会 編），pp. 114–121，全国森林病虫獣害防除協会.

垰田 宏（2002b）大気汚染・酸性雨とマツへの影響．松くい虫（マツ材線虫病）：沿革と最近の研究（全国森林病虫獣害防除協会 編），p. 160–167，全国森林病虫獣害防除協会.

富樫一巳（2006）マツノマダラカミキリの生活．樹の中の虫の不思議な生活（柴田叡弌・富樫一巳 編著），pp. 83–106，東海大学出版会.

所 雅彦・大谷英児 ほか（2013）カシノナガキクイムシ太平洋型と日本海型の化学生態学的な面からの比較．第124回 日本森林学会大会セッションID：P1–143. doi.org/10.11519/jfsc.124.0.541.0

豊田武司（2014）小笠原諸島固有植物ガイド，pp. 623，ウッズプレス.

梅津勘一（2019）地域遺産としてのクロマツ海岸林．森林保護と林業のビジネス化：マツ枯れが地域をつなぐ（中村克典・大塚生美 編著），pp. 33–43，日本林業調査会.

Vicente, C., Espada, M. *et al.*（2012）Pine wilt disease：a threat to European forestry. *Eur. J. Plant Pathol.*, **133**, 89–99.

Yamasaki, M. & Futai, K.（2008）Host selection by *Platypus quercivorus*（Murayama）（Coleoptera：Platypodidae）before and after flying to trees. *Appl. Entomol. Zool.*, **43**, 249–257.

Yamasaki, M. & Sakimoto, M.（2009）Predicting oak tree mortality caused by the ambrosia beetle *Platypus quercivorus* in a cool-temperate forest. *J. Appl. Entomol.*, **133**, 673–681.

矢野宗幹（1913）長崎県下松樹枯死原因調査．山林広報第4号附録，pp. 1–14.

吉田成章（1994）シイ・カシ類，ナラ類の枯損．山林，**1326**，35–40.

Zamora, P., Rodríguez, V. *et al.*（2015）First report of *Bursaphelenchus xylophilus* causing pine wilt disease on *Pinus radiata* in Spain. *Plant Dis.*, **99**, 1449.

索　引

【欧文】

【あ行】

【か行】

【さ行】

【た行】

【な行】

【は行】

【ま行】

【や行】

【ら行】

【編者】
滝　久智（たき　ひさとも）
2007年　ゲルフ大学大学院博士課程修了 PhD
現　在　国立研究開発法人 森林研究・整備機構 森林総合研究所　森林昆虫研究領域
　　　　主任研究員
専　門　農学，昆虫学，生態学
主　著　『シリーズ現代の生態学 8　森林生態学』（分担執筆，共立出版，2011）

尾崎研一（おざき　けんいち）
1986年　東京農工大学大学院農学研究科修士課程修了 博士（農学）
現　在　国立研究開発法人 森林研究・整備機構 森林総合研究所　北海道支所
　　　　研究専門員
専　門　森林昆虫学，生物多様性保全学
主　著　『オオタカの生態と保全：オオタカの個体群保全に向けて』（編著，日本森林技術協会，2008），"*Galling arthropods and their associates: Ecology and evolution*"（ed., Springer-Verlag Tokyo, 2006）

森林科学シリーズ 9
Series in Forest Science 9

森林と昆虫

Forests and Insects

2020 年 12 月 15 日　初版 1 刷発行

検印廃止
NDC 486.1, 653.17, 468
ISBN 978-4-320-05825-5

編　者　滝 久智・尾崎研一 ©2020
発行者　南條光章
発行所　**共立出版株式会社**
〒112-0006
東京都文京区小日向 4-6-19
電話　(03) 3947-2511（代表）
振替口座　00110-2-57035
URL　www.kyoritsu-pub.co.jp
印　刷　精興社
製　本　加藤製本

一般社団法人
自然科学書協会
会員

Printed in Japan